慧闻◎著

超级情绪整理学

Chaoji Qingxu Zhenglixue

民主与建设出版社
Democracy & Construction Publishing House

图书在版编目（CIP）数据

超级情绪整理学/慧闻著.－－北京：民主与建设

出版社，2016.7（2017.11重印）

ISBN 978-7-5139-1128-3

Ⅰ.①超… Ⅱ.①慧… Ⅲ.①情绪－心理学－通俗读

物 Ⅳ.①B842.6-49

中国版本图书馆CIP数据核字(2016)第127511号

出 版 人：许久文
责任编辑：李保华
整体设计：曹　敏
出版发行：民主与建设出版社有限责任公司
电　　话：(010)59419778　　59417745
社　　址：北京市朝阳区阜通东大街融科望京中心B座601室
邮　　编：100102
印　　刷：保定市西城胶印有限公司
版　　次：2016年8月第1版　2017年11月第3次印刷
开　　本：32
印　　张：7.375
书　　号：ISBN 978-7-5139-1128-3
定　　价：32.00元

注：如有印、装质量问题，请与出版社联系。

前 言
Preface

有什么样的情绪反应，就有什么样的生活！

你兢兢业业却总不能升职，你是忍气吞声还是据理力争，或者干脆炒老板鱿鱼？

一时冲动和爱人吵架，你能不能先冷静下来，还是各不相让以致感情破裂？

你苦口婆心，可孩子就是不听话，你能否保持心平气和，还是暴跳如雷，甚至拳脚相加？

……

正确整理自己的情绪，并理解他人的情绪，可以让生活顺风顺水；错误表达自己的情绪，忽视甚至误解他人的情绪，就可能招致不可估量的损失。

让生活失去笑声的不是挫折，而是内心的困惑。让脸上失去笑容的不是磨难，而是禁闭的心灵，没有谁的心情永远轻松愉快。战胜自我，控制情绪，从"心"开始。

"无法改变天气，却可以改变心情；无法控制别人，但可以掌握自己。"情绪是很复杂的东西，好情绪可以成就我们的人生，而坏情绪则可能让我们败走麦城，说情绪可以决定命运一点也不为过，因此如何管理好自己的情绪，学会疏导和激发情绪，学会利用情绪的自我调节来改善与他人的关系，则是我们人生中必须学习的一课。

本书没有高深的理论讲解，而是使用近乎谈话的方式告诉我们：在愤怒时如何懂得制怒和宽容；悲伤时如何懂得转移和发泄；忧愁时如何懂得释放和解脱；焦虑时如何懂得排遣和分散。如果我们学会了如何了解你的情绪、如何控制你的情绪、如何改变你的情绪，那么人生也将平坦与平顺。

你是情绪的主宰，情绪管理的最高境界是自由自在。

我们的生活中不能没有情绪，但我们要在情绪的世界里生活得更好！

目　录

Contents

第一篇　情绪为什么需要整理

第一章　你的情绪已失控，该整理了

第二章　不会整理情绪就没有快乐

第十章 做一个有热度的人

第十一章 取得工作和生活的平衡

第一篇
情绪为什么需要整理

　　情绪可能是决定一个人一生成败的关键因素之一，但很多人并没有把控制情绪当成一件重要的事，总觉得情绪化是一种"率直"的性格，是一种很可爱的人格特征。这么说也不是没有道理，因为喜怒哀乐都表现在脸上的人，别人容易了解他，也不会对他持有戒心。而且，有情绪就发泄，不积压在心里，这也有利于心理健康。但说实在的，这种"率直"实在不怎么适合在现实社会中行走。如果让"率直"的性格跟随自己一辈子，学不会控制情绪的话，最终或许只会一败涂地。

第一章
你的情绪已失控，该整理了

♡ 我们的情绪生病了

哈佛大学医学院教授认为，人的寿命可达110岁以上，上限可高达160岁。但实际生活中为什么只有少数人能活到100岁左右，一般人只可活到70到80岁呢？有关专家的研究表明，人的一生除生活坎坷和劳累外，"感情损伤"是减少寿命的主要原因。

心理上受到的外界刺激要与承受力保持平衡，如果情绪时而高涨时而失落，处于失调状态，造成病灶"感情势能"，其潜在的"能量"超过一定限度时，生理代谢紊乱、免疫功能降低，将引发或加重某些疾病的病情。情绪上的开朗与抑郁，炽热与冷漠，喜悦与焦虑，镇定与暴怒，婚姻、家庭及事业上的顺利与挫折，成功与失败，往往相伴而生，互相转化。一旦失落占据上风，主宰情绪，削弱生理机能，则各种致病因子肆虐，有损健康是不言而喻的。

以下是北京卫视"养生堂"心理专家和医学专家提出的一些结论：

长期处于负面情绪之中有损健康。紧张和焦虑对身体的损害，其关键不是紧张的程度，而是紧张会持续多长时间。长期处于紧张情绪中，会损害免疫系统和心血管的功能。

长时间生活在沉重的心情中，可能使脑内产生某些化学变化，从而损害记忆力，出现反应迟钝、健忘、动作笨拙等现象。在受到持续压力的情况下，受影响最大的是脑内海马状组织，它有调节我们始终在运用的一种有意识记忆的功能。

人的三种负面情绪（紧张状态、抑郁状态和常发怒）会影响体内营养的吸收，使人的体质下降。常常心跳加快，血流加速，消化液的减少使营养在体内难以吸收，并引起胃及十二指肠炎症或溃疡，导致体内营养素缺乏。

心理压力若长时期得不到缓解和消除，就会产生多方面的不良后果。如心脏病、高血压、头晕等，都与心理紧张和心理压力有关。

情绪消极并不意味着会增加发病的机会，但是这部分人特别容易抱怨他们感冒时的症状，而具有积极情绪的人感冒后表现出来的症状要比消极情绪的人轻得多。所以研究人员认为，快乐、镇定、心情好的人比情绪抑郁的人更容易远离感冒。

人无论是思考问题或想事情时，大脑里会分泌出"荷尔蒙"——它是联结身心的化学物质。当人想好事或高兴的事时，大脑会分泌出一种叫B-内啡肽的荷尔蒙；如果想悲痛的事或烦恼的事，大脑会分泌出一种有毒的荷尔蒙——去甲肾上腺素。B-内啡肽荷尔蒙能提高免疫力，防御疾病，还能增强想象力，增加记忆力；有毒的荷尔蒙正好相反，它会给人带来疾病，降低免疫力。

国外有学者研究了405个重病患者，发现其中有292人（占总数的72%）有过早年的情绪危机，而正常人只有10%有过类似的情感创伤。情绪危机就是指人的心理经历了极度的波动，其中包括愤怒、沮丧、恐怖，以及由期待而引起的激动和悲痛等。但是，情绪一方面可以致病，另一方面也可以治病。积极的情绪有天然的抗病能力，能使我们奇迹般地保持和恢复健康。

加利福尼亚大学的诺曼·卡茨教授在40多岁时患上了胶原病，医生说，这种病康复的可能性是五百分之一。他听从医生的劝告，经常看滑稽有趣的文娱体育节目，有的节目使他捧腹大笑，有的节目使他从心底发出微笑。他除了看有趣的节目，平时还有意识地和家人开玩笑。一年后医生对他进行血沉检查，发现血沉降低了5个百分点。两年以后，他身上的胶原病自然消失了。

为此，卡茨教授撰写了一本书：《五百分之一的奇迹》。书中说："……如果消极情绪能引起肉体的消极化学反应的话，那么积极向上的情绪可以引起积极的化学反应……爱、希望、信仰、笑、信赖、对生的渴望等等，具有医疗价值。"

这些都提示我们，当身体出毛病的时候，要检查的可能不仅是我们的身体，还有我们的心灵。要时常审视内心，是否有导致疾病的因素，也就是我们的情绪是否陷入了病态?

♡ 警惕危险情绪的袭扰

人有九类基本情绪：快乐、温情、惊奇、悲伤、厌恶、愤怒、恐惧、轻蔑、羞愧。快乐和温情是正面的，惊奇是中性的，其余六个都是负面的。由于负面情绪占绝大多数，因此人们不知不觉就会进入不良情绪状态。我们的目的就是要塑造阳光心态，把快乐和温情这两个好情绪调动出来，使大家经常处于积极的情绪当中。比如说，我现在不高兴了，我就想办法让自己高兴起来，就像从衣服口袋里把它掏出来一样。想让哪个情绪出来，就能自如地把它调动出来，能做到这一点的是超人，我们不是超人，但可以努力去做。因为心情具有两极性，好的心情产生向上的力量，使你喜悦、生气勃勃，沉着、冷静，缔造和谐。

当人们面对那些"危险"情绪时，如果不能及时缓解，可能变成绝望，而所有的这些情绪都和疾病相关。如果这些"危险"情绪困扰着你，你感受到快乐和温情的时候就非常少。

虽然人类的情绪还有许多，但几乎都建立在这九种情绪的基础上。为了从正面情绪中受益，我们需要学习掌控自己的情绪。

掌控情绪意味着：你能通过给自己充电，拥有对自己、对生活、对世界的健康信念，来改变自己的不健康情绪。这些信念，会给我们带来诸如勇敢、容忍、同情等更为健康的情绪。

情绪是感情的一种表现方式，而不是问题的根源。可是绝大部分人都把情绪看做是问题本身，比如家长往往针对孩子的情绪加以斥责，目的只是制止不良情绪的出现。情绪虽然得到了制止，但是问题并没有得到解决。这样的例子在现实生活中是很普遍的。

情绪是感情的先知，出现了什么样的情绪，反映出你的生活和事业哪里出了问题，需要处理。

每种情绪都有其价值，不是给我们指明一个方向，便是给我们一份力量，甚至两者兼有。其实人生中出现的每一件事，都给我们提供了学习怎样使人生变得更美好的机会。情绪的出现，正是促进我们去学习。

比如你会有被别人看低的感觉，这是你因别人的行为产生的情绪反应，如果你不甘心，就会发奋努力。这种感觉如同痛感，只有感觉到了痛，才会把手从火炉上抽回，从而保证你的安全。情绪也一样，如果没有各种各样的情绪表现，生命将会变得非常脆弱。也就是说，如果情绪能被妥善运用，是可以使人生变得更美好的。

要"运用"它，必须先使它臣服，受你驾御。所有的情绪都能被你掌控，就等于你有效地利用了你所拥有的资源。而这些资源，是你所独有的。

无论是在工作还是生活中，愉快、欢喜、伤心、愤怒都会陪伴左右，很多人已经习惯，但却不能控制。掌控与利用有效的情绪资源，是面对生活中的挫折、度过情绪的低气压、回到协调的生活状态的有利保障，从而，给我们带来健康的生活。

别让坏情绪打败你

情绪可以成为你干扰对手、打败对手的有力工具；反之，情绪也会成为对手攻击你的"暗器"，让你丧失理智，铸成大错。

电影《空中监狱》中有这样一段情节：

从海军陆战队受训完毕的卡麦伦来到妻子工作的小酒馆，正当两人沉浸在重逢的喜悦中时，几个小混混不合时宜地出现了，对他漂亮的妻子进行骚扰。卡麦伦在妻子的劝阻下，好不容易按下怒火，离开酒馆准备回家去。没想到在半路上又遇到那帮人，听着他们放肆的下流话语，卡麦伦再也无法忍受了，他不顾妻子的叫喊，愤怒地冲过去和他们搏斗起来。混乱中，一个小混混从衣兜里掏出一把锋利的匕首，卡麦伦不假思索地夺过匕首，一刀捅入对方的胸膛……

那人当场毙命，卡麦伦因为过失杀人，被判了10年徒刑。无论他有多么后悔，也只得挥泪告别刚刚怀孕的妻子，在狱中度过漫长的痛苦时光……

卡麦伦的悲剧难道不是他自己造成的吗？如果他能够控制自己的情绪，不正面与歹徒冲突，又怎会酿成悲剧？制裁歹徒其实不一定要靠拳头和武力。当时，如果卡麦伦能稍微理智一些，向警方求助，事情一定不会演变到这种地步。

你应该学着控制自己的情绪，不要轻易被对方干扰，丧失理智。

一般来说，对方干扰你的方式有两种：

第一种是在言语上刺激你，譬如讽刺你、嘲笑你、挖苦你，或指桑骂槐、无中生有、含沙射影。

第二种是在行动上惹怒你，譬如故意为难你，不断向你挑衅。

如果对方有心刺激你，使你明知他是故意的，却拿他一点办法也没有。唯一的办法只有忍下来，不动声色，不去理会他的言语，若要反驳，也要笑着反驳。

你千万不可被他激怒，否则，大家只看到你丧失理性的怒火，而没看到他的伎俩。于是，本来你是无辜的，怒火一烧，你也变成理亏了！如果你不能控制自己的情绪，一时冲动可能让你说了很多不该说的话，做了很多不该做的事，也留给别人很多把柄，结果他分毫未损，而你已遍体鳞伤，甚至一蹶不振！

所以，不管在什么样的情况下，千万别在敌人的干扰下乱了阵脚。以老僧入定的心情面对，那些激怒你的动作自然会消失，而且以后再也不会有人来做同样的事。

你应该明白，如果你已经受到了对方的干扰，情绪开始失控，对方便可轻而易举地消灭你。如果对方是有计划的，谋定而后动地激怒你，那么你被消灭的可能性就很大。因为你的反应都已在对方的掌握之中，而你常会因失去情绪和理智的平衡而作出错误的判断和决定，对方甚至可以不动声色，便使你处于不利的境地。

让自己心平气和一些，别让情绪成为别人借以伤害你的"暗器"。多一些审慎，便不会掉入别人为你设计的情绪圈套当中。

💛 坏情绪会耽误大事

孙子说："主不可以怒以兴师，将不可以愠而致战，合于利而动，不合于利而止。"意思是：国君不可以因一时的愤怒而兴兵打仗，将帅不可凭一时的怨愤而与敌交战，因为一个人愤怒过后可以转变为高兴，怨愤过后可以转变为喜悦，但国家灭亡了就再难恢复了。一切都要以是否有利为转移，合于利则动，不利则止，这才是理智的行为。

三国时期，蜀国名将关羽败走麦城，被东吴擒杀。张飞闻讯，悲痛欲绝，严令三军赶制孝衣，为关羽戴孝，逼得手下将官无奈，最后铤而走险，将其刺杀。

刘备为报东吴杀害关羽之仇，举兵伐吴。诸葛亮、赵云等人苦苦相谏，都无济于事。这时的刘备已完全失去了理智。结果被吴将陆逊一把火烧得溃不成军，数万军士丧生，刘备本人带着残兵败将退归白帝城，羞愧交加，一命呜呼。蜀军从此一蹶不振了。

而与张飞、刘备相反的是，一个人因为能忍常人所不能忍，最后获得了成功，他就是司马懿。司马懿多谋善变，遇事极为冷静，从不被自己的情绪所左右。

三国时，诸葛亮和司马懿祁山交战，诸葛亮千里劳师欲速战决雌雄。司马懿却以逸待劳，坚壁不出，欲空耗诸葛亮士气，然后伺机求胜。诸葛亮面对司马懿的闭门不战，无计可施，最后想出一招，送一套女装给司马懿，羞辱他如果不战小女子是也。古代以男人为尊，尤其是军旅之中。如果是常人，定会接受不了此种羞辱。可司马懿另当别论，他落落大方地接受了女儿装，情绪并没有受到影响，心态继续甚好，还是坚壁不出。

由此可见，是否能理智地处理事情，有时就是事情成败的关键。司马懿在权力上的争斗上还是个隐忍的高手。

魏明帝死后，太子曹芳即位，就是魏少帝。曹爽当了大将军，司马懿当了太尉。两人各领兵三千人，轮流在皇宫值班。

曹爽手下有一批心腹提醒曹爽说："大权不能分给外人啊！"他们替曹爽出了一个主意，用魏少帝的名义提升司马懿为太傅，实际上是夺去他的兵权。接着，曹爽又把自己的心腹、兄弟都安排了重要的职位。

对此，司马师和司马昭气得哇哇叫，准备带领人马去攻打曹爽。而司马懿看在眼里，却装聋作哑，一点也不干涉曹爽的做法，并且向魏少帝上表说自己年纪老了，又浑身是病，从此不再上朝了。

曹爽听说司马懿生病，正合他的心意。但是毕竟有点不放心，还想打听一下司马懿是真生病还是假生病。他派心腹李胜到司马懿家去探探情况。

李胜到了司马懿的卧室，只见司马懿躺在床上，旁边两个使唤丫头伺候他吃粥。他没用手接碗，只把嘴凑到碗边喝。没喝上几口，粥就沿着嘴角流了下来，流得胸前衣襟都是。李胜跟他说话的时候，他也说得颠三倒四，时不时还拼命地咳嗽。

曹爽听了李胜的报告后，甭提有多高兴了。从此后，他就对司马懿放松了警惕。

后来，魏少帝曹芳到城外去祭扫祖先的陵墓，曹爽和他的兄弟、亲信大臣全跟了去。司马懿既然病得厉害，当然也没有人请他去。

哪儿知道等曹爽一帮子人一出皇城，太傅司马懿的病就全好了。他披戴起盔甲，抖擞精神，带着他两个儿子司马师、司马昭，率领兵马占领了城门和兵库，并且假传皇太后的诏令，把曹爽的大将军职务撤了。以后，司马懿成了魏国的实际掌权者。

司马懿的人品我们暂且不去评论，单是他着眼大局，善于控制情绪的智慧，就值得参考。

人们常因一时的矛盾，头脑发热，失去理智，酿成惨祸。如果能保持理智，适宜克制，谋而后动，就会免除很多祸患。

有人认为和颜悦色、忍让无争、宽恕容忍与从不恶言厉色，就是懦夫行径，殊不知这样的人才是真正具有大智、大仁、大勇的人物。有人更认为凡事忍耐、含垢受辱、承认过错及接受责罚便是懦夫，事实上，在衡量自身条件尚无必胜把握时，暂时的忍辱负重是必要的。而死不认错，往往是怕负责任，这才是真正的懦夫。不要让坏情绪左右你，要头脑清醒，该低头的时候别抬头，该隐忍的时候别争强好胜。

♡ 坏情绪会让人丧失理智

俗话说：天有不测风云。生活中每个人都可能遇到许多不尽如人意之处。比如：你在外面做生意失败了；回到家中突然遇到父母不幸去世；太太被老板炒了鱿鱼；孩子踢球把邻居家的玻璃打碎了，人家找上门来，等等。假使你面对上述情形，你会有"发疯"的感觉吧。其实生活中有许多人和事，就是因在突发情况下的不理性，丧失了判断力，从而使事情恶化，自己也在其中成了受害者。

一位大学生毕业后应聘去一家公司搞产品营销，公司提出试用三个月。三个月过去了，这位大学生没有接到正式聘用的通知，于是，他一怒之下愤然提出辞职。公司的一位副经理请他再考虑一下，他越发火冒三丈，说了很多抱怨的话。于是对方也动了气，明明白白地告诉他，其实公司不但已经决定正式聘用他，还准备提拔他为营销部的副主任。这么一闹，公司无论如何也不能再用他了。这位涉世未深的大学生，因自己的不理性而白白地丧失了一个绝好的工作机会。

人的生命是短暂的，如何才能抓住机会，不让自己的生命留下悔恨呢？这需要你有一双智慧的眼睛、一颗敏锐的心，还有一双勤劳、敢于探索的手。

一名初登歌坛的歌手，满怀信心地把自制的录音带寄给某位知名制作人。然后，他就日夜守候在电话机旁等候回音。第一天，他因为满怀期望，所以情绪极好，逢人就大谈抱负。第十七天，他因为情况不明，所以情绪起伏，胡乱骂人。第三十七天，他因为前程未卜，所以情绪低落，闷不吭声。第五十七天，他因为期望落空，所以情绪坏透了，接通电话就骂人。没想到电话正是那位知名制作人打来的。他为此而自断了前程。

错过一次机会并不可怕，可怕的是这种令人抱憾终生的错过，一次又一次在你身上上演的时候，你的人生恐怕就注定没有转机了。

在生活当中，理性地面对社会百态，才能使我们的生活提升至较高品位。韩信肯受胯下之辱，非但不是怯懦，恰恰体现了他过人的理性。刘邦与项羽决战在即，正要韩信出兵相助之时，韩信提出要刘邦封他为"假齐王"，刘邦悖然大怒，大骂韩信不该在这个时候要求封为假齐王。然而一经张良提醒，马上恢复理性，转而骂道：大丈夫要当王须当个真王，怎么可以要求封为假齐王？遂当即封韩信为齐王，从而使韩信出兵，打败了强敌项羽，最终夺得了天下。如果当时刘邦不能理性地分析局势，那天下最终属谁所有，还没个准呢。

以理性面对社会，既利于社会又利于自己；以理性面对生活，有利于苦乐中的洗炼，可尽享人生中的惬意；以理性面对他人，有利于善恶中的辨识，可近君子而远小人；以理性面对名利，利于道德上的不断完善，可提高人的品质和声望；以理性面对坎坷，有利于安危中的权衡，可除恶保康宁。理性使我们大度、理智、无私和聪颖。

♡ 最有力量的10种好情绪

励志大师安东尼·罗宾在《激发潜能》一书中指出，人生中最有力量的十种好情绪是我们必需的。这10种情绪分别是：

1.爱与温情

任何负面的情绪在与爱接触后，就如冰雪遇上了阳光，很容易就消融了。如果现在有个人跟你发脾气，你只要始终对他施以爱心及温情，最后他便会改变先前的情绪。

福克斯说得好，只要你有足够的爱心，就可以成为全世界最有影响力的人。

2.感恩

一切情绪之中最有威力的便是爱心，但它以不同的面貌呈现出来。感恩也是一种爱，因而安东尼·罗宾喜欢通过思想或行动，生动表达出自己的感恩之情，同时也好好珍惜上天赐给他的、人们给予他的、人生经历的一切。如果我们常心存感恩，人生就会过得再快乐不过了。因此请好好经营你那值得经营的人生，让它充满芬芳。

3.好奇心

如果你真心希望你的人生能不断成长，那么就得有像孩童般的好奇心。孩童最懂得欣赏"神奇"了，因为那些神奇，能占据孩童的心灵。如果你不希望人生过得那么乏味，那就在生活中多带些好奇心；如果你有好奇心，那么便会发现生活中处处都有奥妙之处，你就能更好地发挥潜能；如果你好好发挥你的好奇心，那么人生便是永无止境的学习过程，其中全是发现"神奇"的喜悦。

4.振奋与热情

如果做任何事情带着振奋与热情，所做的事就会变得多彩多姿，因为振奋与热情能把困难化为机会。热情具有伟大的力量，鼓动我们以更快的节奏迈向人生的目标。我们如何才会有热情呢？就跟如何才会有爱、有温情、有感恩和好奇心一样，只要我们决定想要有热情！

5.毅力

上面所说的都很有价值，然而你若是想在这个世界留下值得让人怀念的事迹，那就非得有毅力不可。毅力能够决定我们在面对困难、失败、诱惑时的态度，看看我们是倒下去了还是屹立不动。如果你想减轻体重、如果你想重振事业、如果你想把任何事做到底，单单靠着"一时的热情"是不成的，你一定得具备毅力方能成事。那是你行动的动力源头，能把你推向任何想追求的目标。具备毅力的人，他的行动必然前后一致，不达目标绝不罢休。

6.弹性

要保证任何一件事能够成功，保持弹性的做事方法绝不可少。要你选择弹性，其实也就是要你选择快乐。在每个人的人生中，都必然会遇到诸多无法控制的事情，然而只要你的想法与行动能保持弹性，那么人生就能永葆成功，更别提生活会过得多快乐了。芦苇就是能弯下身，才能在狂风肆虐下生存，而榆树就是想一直挺着腰杆，结果为狂风吹折。

7.信心

当你有信心，就敢于尝试、敢于去冒险。要想建立信心有个办法，那就是不断练习去使用它。如果有人问你是否有信心能把鞋带系好，相信你会以十足的信心回答说没问题。为什么你敢说得那么肯定？只因为你做这件事情已经成千上万次了。同样的道理，如果你能不断从各方面培养自己的信心，迟早有一天你会发现，不知何时信心已在那里。

8.快乐

要想脸上表现出快乐的样子，并不是说要你不去理会面对的困难，而是要知道学会如何保持快乐的心情，那样就有可能改变你生活中的许多事情。只要你能脸上常带笑容，就不会有太多的行动信号引起你的痛苦。

9.服务

某天午夜时分安东尼•罗宾驾车在高速公路上飞驰。他心中想着："我得怎样做才能改变人生？"突然有个意念闪过脑际，罗宾如大梦初醒，兴奋得难以自持。随即他把车开下交通道并停在路边，在笔记本上写下了这句话："生活的秘诀就在于给予。"

作为这个社会的一分子，如果我们所说的话或所做的事，不仅能丰富自己的人生，同时还可以帮助别人，那种心情是再令人兴奋不过的了。常常我们会被那些追求人生最高价值之人的故事所感动。他们无条件地去关心人们，带给人们极大的福气。每天我们都应该好好省思，到底能为人们做些什么事，别只想到自己的好处。

一个能够独善其身并兼善天下的人，必然是因他明白了人生的意义，那种精神不是金钱、名誉、夸奖所能比的。拥有服务精神的人生是无价的，如果人人都效仿，这个世界定然会比今天更美好。

10.活力

你要经常注意自己是否活力充沛，因为一切情绪都来自于你的身体。如果你觉得有些情绪溢出常轨，那就赶紧检查一下身体吧。当我们觉得压力很重时，呼吸就会很不顺畅，这样就慢慢把活力耗竭掉了。如果你希望有个健康的身体，那就得好好学习正确的呼吸方法。

另外一个保持活力的方法，就是要维持身体足够的精力。由于每天的身体活动都会消耗掉我们的精力，因而我们得适度休息，以补充失去的精力。请问你一天睡几个小时呢？如果你一般都得睡上8~10个小时的话，很可能多了点。根据研究调查，大部分人一天睡6~7小时就足够了。还有一个跟大家看法相反的发现，就是静坐并不能保存精力。这也就是为什么坐着也会觉得疲倦的原因。要想有精力，就必须"动"才行。越是运动就越能产生精力，因为这样才能使大量的氧气进入身体，使所有的器官都活动起来。唯有身体健康才能产生活力，有活力才能让我们应付生活中各种各样的问题。

 情绪排毒　摆脱不良情绪的7种方法

美国著名心理学家丹尼尔认为，一个人的成功，只有20%是靠IQ（智商），80%是凭借EQ（情商）而获得。而EQ管理的理念即是用科学的、人性的态度和技巧来管理人们的情绪，善用情绪带来的正面价值与意义帮助人们成功。

通常情况下，人们会将自己遭遇的不幸归因到外界。比如，上司批评自己是因为一直就看不惯自己，而这种假想出来的不公平感会让人的情绪雪上加霜。此时，如果你能够及时地消除对方的"假想"，并现身说法，可以帮助对方卸掉一个沉重的包袱。

此外，对于已发生的事情，可能已经对现实造成了一定的影响，比如你说错了一句话，可能得罪了上司。你除了要认识到无论之前发生了什么，都属于过去外，还要帮助自己寻找一些解决问题的具体措施。比如，要如何做才能减轻自己给领导造成的负面印象？怎样才能让领导重新信任自己？为此，你可问自己几个问题：

这件事的发生对自己有什么好处？

现在的状况还有哪些不完善？

你现在要做哪些事情才能达到你需要的结果？

在达成结果的过程里，哪些错误你不能再犯？

当人面对自己有危险的事情时，会产生恐惧、担忧、焦虑，而一旦思索了解决问题的方法，正是帮助自己增强对事情的"可控制力"，你的负面情绪就会得到缓解。

长期的消沉情绪对身体各系统的功能有极大的影响，怎样摆脱和消除不良情绪呢？美国密歇根大学的心理学教授兰迪提出了七种比较有效的方法：

（1）针对问题设法找到消极情绪的根源。

（2）对事态重新加以估计，不要只看坏的一面，还要看到好的一面。

（3）提醒自己，不要忘记在其他方面取得的成就。

（4）不妨自我犒劳一番，譬如去逛街、逛商场，去饭店美餐一顿，听歌赏舞。

（5）思考一下，避免今后出现类似的问题。

（6）想一想还有许多处境或成绩不如自己的人。

（7）将自己当前的处境和往昔做一对比，常会顿悟"知足常乐"。洞悉你情绪背后的问题实质。

中国人比较内向，容易压抑内心真实的感觉。心情很沮丧时，往往说成是头痛、不得劲儿、不太舒服；焦虑不安时，常以为是胃痛、肚子不好受。解决的办法，多半是找几片药片吃了了事，很少真正去面对自己的问题，更别说能看穿自己是否被情绪牵着鼻子走了。

第二章
不会整理情绪就没有快乐

♡ 改变世界先改变情绪

哈佛学子约翰·肯尼迪曾说："一个连自己都控制不了的人，我们的民众会放心把国家都交给他吗？"

生活中，不好的情绪常常折磨着我们的心灵，使我们做事情总是犯错误。因此，我们应尽量在情绪控制自己之前控制住情绪。那些能取得成就的人往往是能驾驭情绪的人，而失败得一塌糊涂的人，通常是那些被情绪控制了的人。

实际上，很多时候我们自己不生气，就什么事情都没有了，生气都是自找的，在生气的时候我们要适当进行情绪转换，让自己不至于伤心难过。

有些人一遇到挫折，就会觉得自己倒霉透顶。于是，嘴里骂着，心里恨着。其实这样的生气是无用的，根本不能改变现状，还不如利用这些时间想想如何变不利为有利，跨过艰难。

约翰尼·卡特很早就有一个梦想——当一名歌手。参军后，他买了自己有生以来的第一把吉他。他开始自学弹吉他，并练习唱歌，还自己创作了一些歌曲。服役期满后，他开始努力工作以实现当一名歌手的愿望，可他没能马上成功。没人喜欢听他唱歌，他连电台唱片音乐节目广播员的职位也没能得到。他只得靠挨家挨户推销各种生活用品维持生计，不过他还是坚持练唱。他组织了一个小型的歌唱小组在各个教堂、小镇上巡回演出，为歌迷们演唱。不久，他制作的一张唱片吸引了两万名以上的歌迷，金钱、荣誉、在全国电视屏幕上露面——所有这一切他都赶上了。他对自己坚信不疑，这使他获得了成功。

然而，卡特接着又经受了第二次考验。经过几年的巡回演出，他被那些狂热的歌迷拖垮了，晚上必须服安眠药才能入睡，而且还要吃些"兴奋剂"来维持第二天的精神状态。他开始染上一些恶习——酗酒、服用催眠镇静药和刺激兴奋性药物。他的恶习日渐严重，以致对自己失去了控制能力：他更多地不是出现在舞台上而是在监狱里。到了1967年，他每天必须吃一百多片药。

一天早晨，当他从佐治亚州的一所监狱刑满出狱时，一位行政司法长官对他说："约翰尼·卡特，我今天要把你的钱和麻醉药都还给你，因为你比别人更明白，你能充分自由地选择自己想干的事。这就是你的钱和药片，你现在就把这些药片扔掉吧，否则，你就去麻醉自己、毁灭自己，你自己选择吧！"

卡特选择了生活。他又一次对自己的能力有了肯定，深信自己能再次成功。他回到纳什维利，并找到他的私人医生，开始戒毒瘾。尽管这在别人看来几乎不可能，因为戒毒瘾比找上帝还难。但他把自己锁在卧室闭门不出，一心一意就是要根绝毒瘾，为此他忍受了巨大的痛苦，经常做噩梦。后来，在回忆这段往事时，他说，那段时间总是感觉昏昏沉沉的，好像身体里有许多玻璃球在膨胀，突然一声爆响，只觉得全身布满了玻璃碎片。九个星期以后，他又恢复到原来的样子了，睡觉不再做噩梦。他努力实现自己的计划，几个月后，重新登上了舞台。经过不停息地奋斗，他终于又一次成为超级歌星。

一个人要想改变世界，首先要改变自己的情绪。天底下最难的事莫过于驾驭自己，这正如一位作家所说："自己把自己说服了，是一种理智的胜利；自己被自己感动了，是一种心灵的升华；自己把自己征服了，是一种人生的成熟。大凡说服了、感动了、征服了自己的人，就有力量征服一切挫折、痛苦和不幸。"

控制自己不是一件容易的事情，因为我们每个人心中永远存在着理智与感情的斗争。二十几岁的年轻人应该有战胜自己的感情，控制自己命运的能力。如果任凭感情支配自己的行动，就会使自己成为感情的奴隶。

静下来，一切都会好

人的情绪有两个关键时间点，一是早晨就餐前，二是晚上就寝前。在这两个关键时间里，每一个家庭成员都要尽量保持良好的心境，稳定自身情绪，尽量不要破坏家庭的祥和气氛，避免引起情绪污染。假如在一天的开始，家庭某一个成员情绪很好，或者情绪很坏，其他成员就会受到感染，产生相应的情绪反应，于是就形成了愉快、轻松或者沉闷、压抑的家庭氛围。

任何人都会有情绪低落的时候，每当这时，一是要有点忍耐和克制精神，二是要学会情绪转移。把不良情绪带回家，将心中怨气发泄在家人身上，为一些小事耿耿于怀……诸如此类，都会影响他人情绪，造成家庭情绪污染。

其实，我们的心灵同样需要一片宁静的天空，那么就让我们的情绪在宁静的天空下，得到平复与安宁。静下来，一切都会好。

西方有位哲人在总结自己一生时说过这样的话："在我整整75年的生命中，我没有过过四个星期真正的安宁。这一生只是一块必须时常推上去又不断滚下来的崖石。"所以，追求宁静对许多人来说成了一个梦想。由此看来，宁静并不是每个人都能享受的。

可是，现实生活中也不乏许多人害怕宁静，时时借热闹来躲避宁静，麻痹自己。红尘滚滚中，已经很少有人能够固守一方，独享一份宁静了，更多的人脚步匆匆，奔向人声鼎沸的地方。殊不知，热闹之后却更加寂寞。我辈之人，如能在热闹中独饮那杯寂寞的清茶，也不失为人生的另类选择与生存。

对未来进行抗争的人，才有面对宁静的勇气；在昔日拥有辉煌的人，才有不甘宁静的感受。

为了收获而不惜辛勤耕耘流血流汗的人，才有资格和能力享受宁静。

宁静是一种难得的感觉，只有在拥有宁静时，你才能静下心来悉心梳理自己烦乱的思绪，只有在拥有宁静时，你才能让自己成熟。不在宁静中升华，就在宁静中死去。

这是一种误解。倘使这样去超越生活，不仅限制了生命的成长，还会与现实隔阂，这样的人只是逃避生活。

宁静是一种感受，是一种难得的感觉，是心灵的避难所，会给你足够的时间去舐拭伤口，重新以明朗的笑容直面人生。

懂得了宁静，便能从容地面对阳光，将自己化作一盏清茗，在轻啜深酌中渐渐明白，不是所有的生长都能成熟，不是所有的欢歌都是幸福，不是所有的故事都会真实。有时，平淡是穿越灿烂而抵达美丽的一种高度，一种境界。当宁静来临时，轻轻合上门窗，隔去外面喧嚣的世界，默默独坐在灯下，平静地等待身体与心灵的一致，让自己从悲观交集中净化思想。这样，被一度驱远的宁静会重新得到回归。你静静地用自己的理解去解读人世间风起云涌的内容，思考人生历程中的痛苦和欢悦。你不再出入上流社会，也就不再对那些达官显贵们摧眉折腰，人们不再追逐你，不再关注你，你也因此而少了流言的中伤。当你真实乍窥了人生的丰富与美好，生命的宏伟和阔大，让身心平直地立在生活的急流中，不因贪图而倾斜，不因喜乐而忘形，不因危难而逃避。你就读懂了宁静，理解了宁静。于是，宁静不再是宁静，宁静成了一首诗，成了一道风景，成了一曲美妙的音乐。于是，宁静成了享受，使我们终于获得了人生的宁静。

这是宁静的净化，它让人感动，让人真实又美丽。

宁静是一种心境，氤氲出一种清幽与秀逸，冉冉上升的思绪逃离了城市的喧嚣，营造出一种自得和孤高，去获得心灵的愉悦，获得理性的沉思，与潜藏在灵魂深层的思想交流，找到某种攀升的信念，去换取内心的宁静、博大致远的菩提梵境。

宁静如水，让它拂拭我们蒙尘的心灵，让它涤荡掉我们身上的浮躁、空泛和沮丧，才能叩问自己的灵魂，看清梦里的花朵以最美的形式在生活中绽放，听到远方的鸟语在天籁中落下嘤嘤的雨水……

💗 找出问题的症结所在

丈夫打妻子，妻子打儿子，儿子打小狗，这是典型的情绪流动图。

每天在不同地点，都会以各种形式上演着这样的情绪流动：马路上因超车的擦撞、抢停车位的怒骂、看不惯上司居功诿过的闷气、上司的迁怒、老师恨学生不成钢的怨气、挂着冰冷微笑的服务员，其实正暗自咒骂着你的侍者……职场上的怒火一点就燃。

你常有小情绪吗？如果小情绪是你的常客，建议你找出自己的"情绪温度计"，与小情绪对话，彻底赶走它。经常使小情绪就像不断的小感冒，严重影响日常生活。

一位各方面条件都不错的女人，自从结婚后对"外遇"特别敏感，尤其容颜随年龄渐长渐失，内心开始不安，对丈夫的限制一天比一天多。

在职场里，她特别看不惯眉来眼去的女生，觉得她们有勾搭男士的嫌疑，令人反感。

她还经常生闷气，明明人家没惹她，她就是看人家不顺眼，动不动就生气，也不知道为什么。

经过思索，她找出了自己最深处的担忧及害怕的根源之后，终于消了怨气。

三年前，性情温和的董芳竟然在公开场合痛骂一位同事，只因为看不惯他凡事居功，自以为是。

事后，她决定找出这件事对自己的意义，为什么会一反常态，在公开场合动怒。她自问自答："他的行为根本与自己没关系啊，为什么生那么大的气？"再问自己，"不合理的事很多，为什么唯独对这件事这么生气？"

"这位同事其实很勤快、不偷懒呀，他不过是爱表现而已。究竟这件事对你的意义是什么？"

从自问自答中，她诚恳分析，原来，过去的成长环境与学科训练，教她要谦虚，压抑了想表现自己、赢得赞赏的本性。那些像孔雀般的炫耀居功者，刺激她眼红，深觉不公平。每生一次气，她就更加了解自己。经由自我对话，从过去找到引爆情绪的关键经验。三年来，她已经不再发生这种具有毁灭性的坏情绪。

进行自我对话时要对自己够诚实和勇敢，这是了解怒气由来的关键。知道怒气背后的真相，才不会落入"空讲道理"的漩涡。

不过，怒气冲上头时，一时难以压抑，该怎么办？许多专家建议从生理角度来改变生气状态：

（1）闭上嘴，因为盛怒时的舌头像把利剑，容易刺伤人。

（2）接着深呼吸，强迫心跳、血压回复正常状态。

（3）或者离开现场，找个安全的环境，动动身体、打球或做体操。

（4）盛怒时，跑去照镜子，看见自己怒气中的样子觉得很滑稽，忍不住噗哧笑出声来。

平时你可以养成记录情绪的习惯，每天分几个时段记录，并写下动怒的原因，这种训练有助于自我察觉、检测怒气。

将情绪温度刻度设定在0~10分，将一天分为七段落，例如一早抢停车位失败，还没进办公室就在电梯前和部门经理吵架，决定只给自己2分。

　　了解自己一天情绪的起伏变化后，接着去找原因，并给自己一段话。为什么给8分，喔，原来在下午三点，听到窗外小鸟吱喳叫，感觉很愉悦。记录久了，自然培养出很细微的察觉能力，"即使生活中很细微的情绪飘过，也不放过"。

　　这样的方法，更能掌握常生气的时段和原因。一旦接近情绪高温期，可以赶紧做准备，警告同事闪远点，免得被无名火烫伤。

♡ 开启情绪自动调节模式

　　一位教授在上心理咨询课时，有一位女学员向他倾诉说："每当我看见丈夫挤牙膏从中间挤时，我就会发狂。挤牙膏应该从尾巴向前面开口处挤嘛。我说过他多少遍，他总是当耳旁风。"

　　为了开解这位女性，教授在全班作了一次调查，看看大家挤牙膏都是怎么挤的。

　　调查结果显示，约有三分之一的同学知道应从尾端挤起，约有三分之一的同学竟认为，挤牙膏应从中间开始挤压，另外三分之一的同学认为挤牙膏无所谓从哪里挤。

　　早上刷牙，挤牙膏的重点并不是你从牙膏的什么地方开始挤，而是你应该将牙膏挤到牙刷上面，至于牙膏是如何附着到牙刷上的，这并不太重要。如果一直对此耿耿于怀，那是你自己跟自己过不去。

　　心理学家希尔达称这种一成不变的行为方式为"模式"。

　　她说："我们脑子里塞满了一堆惯性的动作和行为模式。"她继而解释道："假使我们无法跳脱自己固有的思考及行为模式，在与别人相处时，我们便会被别人不同的思考及行为模式激怒，且会变得跟周遭的人、事、物格格不入。"

当教授跟班上的同学们分享这种思考及行为"模式"的概念时，同学们皆承认了自己一些荒唐好笑的刻板思考模式：一位妇女竟为了卫生纸纸卷的方向"错误"而郁闷了半天，她只在卫生纸卷的方向是由墙边向外转时，才会感到满意；另外一位男士则说，每天早上他都会将车停在火车站的某一"特定"停车位，假使有一天别人无意中停了那个车位，他就会有种想法——"今天一定是个倒霉日"。

希尔达告诉我们说："真正的解脱之道，就是找出你的模式，然后破除它。找一天开车上班时，挑些不同的路走走；给自己换个新发型；将房子里的家具换换位置……做任何可防止自己停滞不前的新鲜事。"

因此，教授建议那位寻找特定停车位的男士给自己一星期，每天都故意不停那"幸运停车位"，看看会发生什么事。第二个星期那位纠结于车位的男士再次来上课时，脸上充满闪亮的笑意，说："我照着你的建议去做了，不但没有倒霉事发生，我甚至过了好几天的幸运日。现在我明白，自己以往皆被固有的想法绑住，如今我已解脱，高兴停哪就停哪。"

另一位叫唐娜的学员对于吃麦片粥的碗有个强迫模式，那就是，每天早晨她都会拿起同一个蓝色的碗，吃着同样的早餐——麦片、牛奶和一个香蕉，这成了她每天的例行事项，也成了一种模式。有一天，唐娜同样走到橱柜前想取出"我的"蓝色碗时，却发现它不见了，这简直太可怕了。"我四处搜寻，结果发现别人正拿着那只碗吃早餐。"唐娜说道，"我有些恼怒并想着：'他真大胆，竟敢用我的碗来吃早餐。'我成了那只蓝碗的奴隶。假使不是因为我感觉受到侵犯，也许到现在我仍不自知。非常幸运地，我突然想起希尔达曾上过的这么一课，念头一转，我告诉自己：'好吧，这是一个让我从模式中解脱出来的机会……我可以同样轻松的心情去使用另一个碗。'"

唐娜后来兴奋地说，"我做到了，而且很神奇，我完全能如从前使用那个蓝色碗一般享受早餐。从此之后，我从碗的桎梏中解放出来了。"

其实，我们所有人都拥有自由的心灵，而且不会被任何事物捆绑住，除非我们自己认为会；我们全享有自由，不论汽车停在哪一个停车位，不论使用哪一个碗用餐。

所以，我们必须让自己跟周遭的人、事、物融合在一起，我们不能将自己局限于某种不变的形象下，或者认定每件事情只有单一的解决方案。

到底是生活圈住了我们，还是我们狭隘的思维限制住了自己，必须分辨清楚。能实现快乐的唯一方式是不被任何事物所约束，而不受约束的唯一方式就是管理好自己的思想。

♡ 情绪积极又不失镇定最好

心理学研究表明，轻松、愉快的良好情绪，不仅能使人产生超强的记忆力，而且能活跃创造性思维，充分发挥智力和心理潜力。而焦虑不安、悲观失望、忧郁苦闷、激愤恼怒等坏情绪，则会降低人们的智力活动水平。因此，消除不良情绪，保持良好的精神状态，是进行创造性学习、提高工作效率、人生不失控的一大法宝。

实验表明，情绪轻松、愉快的学生比情绪低落、忧郁、愤懑、紧张的学生，学习成绩要至少高20％左右。特别是在那些需要想象力的功课上，情绪的影响更为突出。这是因为学生在轻松愉快的状态下，心窗打开，可以吸收较多的信息，而且脑筋动得快，联想丰富。

印度《吠陀经》素以浩繁著称，共四大卷，仅其中第三卷就有十五万三千多个单词。而学僧们均熟记《吠陀经》。是什么妙法使学僧产生了这种惊人的记忆力呢？据说就是"瑜伽术"。它使学僧处于轻松愉快的心理状态中，产生了超强的记忆力。

比如，水平相同的三个班学生解答同样的试题，无论成绩如何，老师都对一班学生赞赏地说："这样的难题能答好，真难得呀！你们都很聪明，老师极其佩服。"一班学生感到很高兴，洋洋得意。老师对二班学生严加责备，"这种题目都答不好，你们都无可救药了，我对你们已经失去了信心。"二班的学生必定是垂头丧气，觉得自己很无能。然后，老师对三班的学生说："从这次试题的难度来看，同学们也发挥了正常的水平，但是我认为，只要同学们再努力一些，成绩必然还能够更加提高。"三班的学生听了之后不会觉得太过悲伤，亦不会太兴奋。再以同样试题考查，结果受表扬的一班和受严厉批评的二班成绩都不是很理想，唯有三班获得意想不到的好成绩。

这说明了什么？说明了情绪对人的影响是多么重要。太过高涨和太过低落的情绪都会影响人的正常发挥。

国外心理学家曾经做过这样的一个实验：停止供应食物给黑猩猩一段时间，然后观察它们使用工具获取食物的成功率。

实验结果表明，停止供应食物的时间在6小时以内，或者超过24

小时，黑猩猩的成功率都很低。成功率最高是在停止供应食物6~24小时这段时间。为什么会这样呢？

心理学家做出如下解释：黑猩猩不太饿时，获取食物的内驱力就不强，结果它们解决问题时，注意力不集中，经常由于其他干扰而中断动作；黑猩猩饿极了时，由于获取食物内驱力过强，而忽略了取得食物的各种必要步骤，也不能很好解决问题。只有在饥饿适度时，由于内驱力强度适中，他们在解决问题时注意力集中，行动灵活，所以成功率很高。

从这个实验可以看到，情绪的强弱与解决问题的能力之间存在着一种曲线关系，内驱力过高或过低，也就是当情绪低落和情绪过于高涨时，都不利于问题的解决，只有当情绪既积极振奋，又不乏镇定从容，才能很好地解决问题。

有人可能会对此提出异议，动物怎能跟人相比，人除了受情绪支配外，还要受理智支配，上面的实验结果决不能推广到人类中去。

那么看这个实验吧，心理学家在人群中做过类似的试验。美国心理学家赫布曾就情绪唤醒水平和操作效率的关系进行过调查。统计分析结果是，人刚刚从睡眠中醒过来时，操作效率很低，中等水平时效率最高，高水平的情绪唤醒反而会导致效率的下降。

其原因跟黑猩猩试验相似。因为人们面临的任务是相当复杂的，有一些特殊的专业问题需要灵活的反应和敏捷的思维才能取得最佳的效果。情绪唤醒水平太低固然不利于操作，情绪水平太高会使中枢神经系统反应过于活跃，在同一时刻对过多的方面作出反应，结果反而阻碍了对工作本身有关的最佳反应的出现。

我们常常可以听到这样的事情：考场上，一个平时成绩优秀的学生会因临场的状态不佳，而使头脑一片空白，反应迟钝，思路闭塞，表现出浮躁不安情状，结果成绩平平，高考落榜。

实际上，做任何事情，内驱力适中，能够稳定情绪，提升自控力都是非常重要的。临场的心理体验会直接影响到你考试的成败。

运动员的体验会告诉我们，为了成为一个获胜者，你必须认为你是个获胜者。因为当你信心百倍地参与竞争时，会领略到"搏杀"的刺激，获得成功那瞬间的兴奋满足；当你心事重重、无精打采，或过度紧张时，又会尝到不安、沮丧烦躁和焦虑的滋味。

拳击比赛很容易得出结果：一胜一负。然而常常是力量最大、速度最快、耐力最强的一方获胜吗？事实并非如此。如果体质较弱的一方有较好的自我感觉，他就有可能获胜。相信自己会胜的一方比没有信心的另一方具有明显优势。

在拳击术语中，这叫做"最佳竞技状态"。带着自我失败感觉的拳击手会发挥失常，他会逃避，因为他害怕他的对手避开他。

实际上，情绪稳定会使一个人有更大的耐力，反应更为敏锐。它使肾上腺素流动，给人补充信心，使他发现自己做什么事情都得心应手。身心配合默契，更能战胜对手。

其实每个人都拥有内驱力适中的能力。在很多事情上，你都有自信、勇气、冲动，或者是冷静、轻松，或者是坚定、决心，也或者是创造力、幽默感，更或者是敢冒险、灵活，随机应变……所有这些能力，细想一下，你会发觉都是一份内心里的良好感觉。

因此，生活中情绪稳定，自控力良好的人，往往表现出坚毅、爱和面对现实的活力。他们神采焕然，专注负责，勇于开拓，肯冒险犯难。他们敢及时把握机会作改变，而不优柔寡断，所以能把握时运。

他们不逃避现实，所以，好运气更容易降临在他们身上。这样的人就是处于内驱力适中的状态。

♥ 与快乐结伴而行

常听人说，"心想事成""万事如意"。实际情况却常常相反："心想难以事成。""不如意事常有八九。"喜怒哀乐本是人之常情，但是如果不加以调节，让不良情绪长期左右自己，就会有损于健康，甚至使人失去生活的信心。

现代心理医学研究表明：人的心理活动和人体的生理功能之间存在着内在联系。良好的情绪状态可以使生理处于最佳状态，反之则会降低或破坏某种功能，引发各种疾病。俗话说："吃饭欢乐，胜似吃药。"说的就是良好的情绪能促进食欲，有利于消化。心不爽，则气不顺；气不顺，则病易生。难怪有的生理学家把情绪称为"生命的指挥棒""健康的寒暑表"。

许多医学专家认为，良好的情绪本身就是良医，人体85%的疾病可以自我控制，只要心情愉快，神经松弛，余下的15%也不全靠医生，病人的情绪和精神状态是个不可忽视的重要因素。故而，每个人都应做自己情绪的主人，培养愉快的心情，调节好情绪，提高适应环境的能力，保持乐观向上的精神状态。

保持一颗平常心，做到仁爱、平静、理智、乐观、豁达，不以物喜，不以己悲，想得开，想得宽，想得远，对名利得失采取超然物外的态度，一切顺其自然，处之泰然。把风风雨雨、飞短流长统统置之脑后。对那些不愉快的事情，要拨开迷雾，化忧为喜。因为不管你遇到什么不顺心、不如意的事，如果整日愁眉不展，不但于事无补，反而有损身心健康。

法国作家大仲马说："人生是一串用无数小烦恼组成的念珠，乐观的人是笑着数完这串念珠的。"一个人如果能乐观地对待不如意的事，自然会烦恼自消，愁肠自解。

常怀一颗欢喜心，调节好自己的情绪，使好的心情与自己结伴而行，是完全可以做到的。因为情绪是主观对客观的一种感受和体验，是可以自己支配的。人到晚年，调节好自己的情绪，使自己进入洒脱通达的境界，就掌握了生命的主动权，就能感受和体会到生命和生活中的无穷乐趣。

其实，有很多时候是我们自己给快乐设定了障碍，因此，不妨给自己提一个建议：不要为享乐设定先决条件。

不要对自己说："等我赚到一万美元，我才可以好好享乐。"

不要说："等我上了那架飞往巴黎的飞机，我就高兴了。"

不要说："等我到了60岁退休时，我就能躺在安乐椅上享受日光浴……"

享乐不应该有"假如"等等限定条件。

每天的一个基本目标是：你有权自娱，不论你是一位百万富翁或是一个不名一文的流浪汉。

一个脆弱的百万富翁可能会对自己说："如果有人把我的所有积蓄夺去，那就没有人会理我了。"

一个坚强的人可以对自己说："如果债主非得逼我和他捉迷藏不可，那我就借这机会好好活动活动。"

人世间，并非无烦恼就快乐，亦非快乐就没有烦恼。那么人们能否一生都保持愉快的生活呢？请牢记下面7条：

（1）承认弱点。人无完人，要承认自己的弱点，乐意接受别人的建议、忠告，并有勇气承认自己需要帮助。

（2）吸取教训。面对失败和挫折应该从中吸取教训，勇往直前。

（3）有正义感。在生活中诚实和富有正义感，朋友们就会乐于帮助你。

（4）能屈能伸。对待人生应处之泰然，人的一生会遇到意想不到的打击或其他不幸，要客观对待、随遇而安。

（5）热心助人。帮助别人，与人关系融洽，自然就会受人尊敬。

（6）宽恕之心。自己受到不平等待遇时，必须宽恕和同情他人。

（7）坚守信念。当你做任何事情时，都必须坚守个人的信念。

 ## 情绪排毒　创造快乐的6种方法

快乐有时需要我们自己去寻找、去发现、去创造。创造快乐可用以下方法：

1.精神胜利法

这是一种有益身心健康的心理防卫机制。在你的事业、爱情、婚姻不尽如人意时，在你因经济上得不到合理对待而伤感时，在你无端遭到人身攻击或不公正的评价而气恼时，在你因生理缺陷遭到嘲笑而郁郁寡欢时，你不妨用阿Q的精神调适一下失衡的心理，营造一个祥和、豁达、坦然的心理氛围。

2.难得糊涂法

这是心理环境免遭侵蚀的保护膜。在一些非原则性的问题上"糊涂"一下，无疑能提高心理的承受能力，避免不必要的精神痛楚和心理困惑。有这层保护膜，会使你处乱不惊，遇烦不忧，以恬淡平和的心境对待生活中的各种紧张事件。

3.随遇而安法

这是心理防卫机制中一种合理的反应。培养自己适应各种环境的能力，遇事总能满足，烦恼就少，心理压力就小。古人云："吃亏是福。"生老病死，天灾人祸都会不期而至，用随遇而安的心境去对待生活，你将拥有一片宁静清新的心灵天地。

4.幽默人生法

这是调节心理环境的"空调器"。当你受到挫折或处于尴尬紧张的境况时，可用幽默化解困境，维持心态平衡。幽默是人际关系的润滑剂，它能使沉重的心境变得豁达、开朗。

5.宣泄积郁法

心理学家认为，宣泄是人的一种正常的心理和生理需要。你悲伤忧郁时，不妨与异性朋友倾诉；也可以通过热线电话等向主持人和听众倾诉；也可进行一项你所喜欢的运动；或在空旷的原野上大声喊叫，既能呼吸新鲜空气，又能宣泄积郁。

6.音乐冥想法

当你出现焦虑、忧郁、紧张等不良心理情绪时，不妨试着做一次"心理按摩"——音乐冥想"维也纳森林"，坐"邮递马车"……

当然，创造快乐不仅仅只有以上方法，重要的是我们在生活中、工作中，要有一种平和、坦然的心理。

第三章
超级情绪整理，你也学得会

💙 卸下情绪重负，大声说"没关系"

懂得接纳自己、欣赏自己，将所有的自卑全都抛到九霄云外，这是一个人学会整理情绪重要的前提。一个以高标准来要求自己、不能容忍自己的不完美的人，终其一生只能在对自己的哀叹中度过。他们总是生活在责备自己的情绪中，无法享受到生活的快乐。他们给自己设了太多的条条框框，强迫自己去遵守，以实现他们期望的目标。这使他们的生活背负了太多的重担，负重的情绪必然无法去感受生活的轻松和快乐，情绪也会越发糟糕和烦躁。

恰克是一个快乐的年轻人。他3岁时在和小朋友玩耍时不慎被高压电流击伤，因双臂坏死而截肢致残。在这之后，父母将他送到附近的一座残疾人孤儿院去，他在那里整整住了16年，父母很少去看他。在孤儿院没有人教他应当怎样做事情，一切都得自己摸索。开始恰克用嘴叼着笔写字，由于离纸太近眼睛疼痛，于是他改用脚写字。他在孤儿院上完了中学。

回到故乡后，恰克开始边工作边学习。他在一个师范学院学习文学专业。他并不想当老师，只是想完善自己，他和大学生们一样要做作业，通过各门测验和考试。恰克通过训练能够自己照顾自己的生活。他会用脚斟茶，拿小勺往茶里加糖，并灵巧地抓住细细的茶杯把慢慢地品茶。电话铃声响了，他能够抓起听筒。总的来说，他能够处理一些简单的家务。

他的妻子琼斯说："恰克很聪明，要是有什么事情做不了，他就会琢磨该怎么办。他是一个优秀的绘图员，会修各种电器，搞得懂所有的线路。例如电子表坏了，他就把它拆开修理，用小镊子灵巧地把零件一一装好。他的表总是挂在脖子上，他常常用膝盖托起表来看时间。他总是一刻不停地干这干那。他还改过裙子呢，又是量，又是画，又是剪，最后用缝纫机做好。在家乡他挺知名的，一天到晚总是吹着口哨或哼着歌儿，他是个无忧无虑的快乐人。"

恰克喜欢唱歌，参加过巡回演出团。他常常到孤儿院去义演。他和16岁的儿子一起录制磁带送给朋友们。他靠600美元的退休金和妻子微薄的工资生活，日子过得十分清苦。但是，对于他来说，令他最开心的是他在生活、在唱歌，感觉他自己是一个自食其力的人。

正如恰克的故事所传达的一样，只要一个人学会了接纳自己，能够以一种平和的心态去接纳自己的不完美，就能够拥有一个快快乐乐的人生。如果总是让自己背负着沉重的负担，终日陷在悲观郁闷的情绪中，生活对他来说就只能是一场噩梦。

所以，当你情绪低落、遭受困难、悲伤失意时，多跟自己说几声"没关系"。生活的希望其实永远都在，只要努力，一切困苦对我们来说都没关系。

♡ 保持一种淡定、平和的心态

人生在世，谁都会遇到一些不尽如人意的事，关键是你要以一种淡定、平和的心态去面对。

淡定平和就是对人对事看得开、想得开，不斤斤计较生活中的得失。这样的心态，不是看破红尘心灰意冷，也不是与世无争、冷眼旁观、随波逐流，而是一种修养、一种境界。

历史上有个白隐禅师，由于他超然的情绪，受到了人们的尊重。

有一对夫妇，在住处附近开了一家食品店，家里有一个漂亮的女儿。无意间，夫妇俩发现女儿的肚子无缘无故地大了起来。这种见不得人的事，使得夫妇俩震怒异常！在父母的一再逼问下，女儿终于吞吞吐吐地说出"白隐"两字。

这对夫妇怒不可遏地去找白隐禅师理论，但这位大师不置可否，只若无其事地答道："就是这样吗？"孩子生下来后，就被送给白隐。此时，白隐的名誉虽已扫地，但他并不以为然，只是非常细心地照顾孩子——他向邻居乞求婴儿所需的奶水和其他日常用品，虽不免横遭白眼，或是冷嘲热讽，他总是一笑而过，仿佛他是受托抚养别人的孩子一般。

事隔一年后，这位没有结婚的妈妈，终于不忍心再欺瞒下去了。她向父母吐露真情：孩子的生父是在鱼市工作的一名青年。

她的父母立即将她带到白隐那里，向他道歉，请他原谅，并将孩子带回。

白隐仍然是淡若止水，他只是在交回孩子的时候，轻声说道："就是这样吗？"仿佛不曾发生过什么事，所有的责难与难堪，对他来说，就如微风拂过，不留痕迹。

是非公道自在人心。人是为自己而活，不要让外物的得失扰乱了自己的心。白隐禅师守住了自己心中的那份平和，外界的非议对他来说，也就无足轻重了。

平和贵在平常，对待外物得失的超然只是其外在表现，真正平和的是一种境界。内心修炼至宠辱不惊的境界，不仅会正确对待得失，更会在人生大痛苦、大挫折前泰然处之。利不能诱，邪不可侵，心能昭日月。上不负天，下不愧人，桓颓其奈我何？旦夕祸福，知天达命，不违自然。从最平常的事物中，发现至真至美。

心清如水，是人生一大智慧。从失意处觅希望，从万全处见危机。猝然临之而不惊，无故加之而不怒。常思人之美，不以一眚掩大德；常思己之过，医好心病心生乐。得意不自持，失意不自失，不因为荣辱兴衰而扰乱一池清心；他人之恩，自是铭心；他人之过，却是云烟，不要为他人的作为而倾斜心中的天平。

以淡定平和的心态踏踏实实地做事，坦坦荡荡地做人，并不因为工作的琐细而拒绝平凡的生活，并不因为名利的诱惑而放弃做人的原则。拥有一颗淡定平和的心，笑对一切，即使失败了也要振作。只要你奋斗、拼搏，就会赢得一片广阔的天地。

♡ 宠辱不惊，掌控情绪稳住心气

任何人、任何事业要谋求发展，应"稳步前进、谦虚谨慎、宠辱不惊"。因为成大事者需要有"泰山崩于前而色不变"的沉着。

　　三国时期，曹操手下有一智慧超群、谋略过人的谋士——荀攸，他辅佐曹操二十余年，期间讨袁绍、擒吕布、定乌桓，他从容不迫地谋划战争策略，处理军中各种事务，直到曹操统一北方。他始终能在残酷的人事倾轧中处于稳定地位，原因就在于他能够稳住心气，无论在怎样的情况下他都不会乱了方寸。

　　曹操曾对荀攸的这种低调做人的心态用一段话作出了精辟的总结："公达外愚内智，外怯内勇，外弱内强，不成善，无施劳，智可及，愚不可及，虽颜子、宁武不能过也。"由此可见，荀攸的智慧过人。他对内对外，表现得迥然不同。对内，他用过人智慧连出妙策；对外，他用坚强的意志奋勇当先，不屈不挠，但从不邀功，不争权位，表现得谦虚谨慎、宠辱不惊，甚至还不断掩盖自己的功绩。

　　在曹操攻取袁绍的冀州时，荀攸前后谋划了十二种策略，使得曹操顺利地打败袁绍。但当有人问起荀攸当时的情况时，他的回答却极其出人意料，他说他什么都没做，即使有人称赞他是"张良、陈平第二"时，他仍然闭口不提自己的卓著功勋。

　　正是由于他宠辱不惊的心态，才得曹操宠信二十余年，直到建安十九年在出征途中善终而死，也没有一人在曹操面前进谗陷害他，更没有过让曹操不悦的行为，这在历史上非常罕见。在他死后，曹操痛哭流涕，说："孤与荀公达周游二十余年，无毫毛可非者。"

　　宠辱不惊的低调处世方式，并不像表面上看起来的那样不知喜怒哀乐。事实上，它是通过多做事少说话、沉着冷静地将自己的智慧发挥得淋漓尽致。

　　孔子说："邦有道，危言危行；邦无道，危行言孙。"意思就是：社会、国家上了轨道，要正言正行；遇到国家社会乱的时候，自己的行为要端正，说话要谦虚，不然则会引火上身。行事要小心，做人要低调。这种低调做人的哲学透镜，它反射出一种朴素的平和与自然的情调，并在出世与入世的平衡中，向我们提供了低调做人的终极启示。可是低调归低调，在做事上却应该向高标准看齐。一个人刚进入一个环境，最重要的就是要适应，保持谦虚与低调，同时知道积极与主动。

无论对于一个人还是一个企业的发展来说，荣誉、名声都只是些虚无缥缈的东西，说到底不过是过眼云烟而已。名誉固然重要，但切实的利益、长远的发展才是更为重要的，因此，无论是个人，还是团体，都应淡化功名，踏踏实实地立足现实事业。

♡ 警惕身边的"情绪污染"

孙莉是大连市某大型企业的一位中层领导。到月底发工资时，孙莉发现自己的工资突然少了200多元钱，便到人力资源部去讨说法。"上班表情不佳，影响到部门员工工作情绪的每次扣罚10元，这是公司的新规定。"人力资源部的回答让孙莉有些哭笑不得。

孙莉突然回忆起，上个月中层以上部门经理的会议中，总经理这样说过：曾经有一份调查显示，职场中领导眉头紧锁，会对员工造成很大的心理压力，导致工作效率直线下降。正所谓"老板不笑，员工烦恼"，所以公司内部中层领导以上的员工，工作中一律要保持良好的表情，让整个办公环境保持一种愉快气氛。

孙莉平时不爱笑，又喜欢闹点小脾气，这个规定仅在心里搁了两天，就被她抛到脑后了。她在讨说法时，人力资源部亮出了证据。"7月23日，部门会议前，因为孙莉经理的面部表情僵硬，七八名员工等在办公室门外，不敢进入。"这段话来自于部门员工的举报。这样的举报，7月份孙莉共遭遇了22次，应罚款数目为220元。

听到了同事对自己表情不好的举报，孙莉说，没想到自己不爱笑的特点竟让同事们这样为难，自己也曾尝试着微笑，但总觉得不自然。"我正在练习发自内心的自然微笑，我想这不仅能使别人愉快，自己的心情也会好起来。"

因为不爱笑，传递了不良情绪而被经济处罚，它表明：第一，企业已经开始重视到心理对工作效率的影响，确信情绪也是一种生产力；第二，自己的情绪并不只是自己的事，它会形成一个小气候影响他人，也会受他人情绪的影响。

1930年是美国经济最萧条的一年。当时美国国内80%的旅馆倒闭了，希尔顿旅馆欠了很多的债务。作为老板的希尔顿把员工召集在一起说："为了将来能有云开日出的一天，我请各位不可把愁云挂在脸上，给顾客的应该是永远的微笑。"就用这种"微笑的精神"，在旅馆业，希尔顿笑到了最后。当美国经济复苏后，希尔顿旅馆率先红火起来，这时希尔顿又对他的员工说："只有一流的设备而没有一流的微笑，好比花园里没有阳光，我宁愿住虽有残旧的地毯却处处有微笑的旅馆，也不愿住进只有一流设备而见不到微笑的地方。"如今，希尔顿集团的资产已从5000美元发展到数十亿美元，名声显赫于全球旅馆业。困难时期的微笑，成了产业发展的动力和物质财富。

病毒、细菌会传播疾病，新研究发现，恶劣情绪与病毒和细菌一样具有传染性，而心血管病、癌症等疾病，无不与不良情绪有关。

美国心理学家加利·斯梅尔的长期研究发现，原本心情舒畅、开朗的人，若同一个整天愁眉苦脸、抑郁难解的人相处，不久也会变得情绪沮丧。一个人的敏感性和同情心越强，越容易感染上坏情绪，这种传染过程是在不知不觉中完成的。如果一个情绪并不低落的学生，和另一个情绪低落的学生同住一间宿舍，这个学生的情绪往往也会低落起来。在家庭中，某人情绪低落，其配偶最容易出现情绪问题。美国另一位心理学教授的研究证明，只要20分钟，一个人就可以受到他人低落情绪的传染。在社会交往中，个人情感对其他人的情绪有着非常大的传染作用，如果你喜欢和同情某个人，你就特别容易受到那个人的情绪影响。

所以，对于控制不住自己而在家庭、职场中经常发泄不良情绪，制造情绪污染的人，应该如何对这种危害人际关系的"病毒"进行诊治呢？最重要的是要让自己学会快乐，变消极情绪的污染源为积极情绪的传播源。有人说，现实中就是有那么多不如意的事，你让我怎么高兴得起来？实际上，人要想哭，则总有悲伤的事情让你哭，可如果你打算笑，那凡事也都能让你觉得可笑。

法国有夫妇二人开了一家心理咨询所，天天门庭若市，预约号常常排到了几个月之后。他们受人欢迎的原因很简单，他们夫妇的主要工作就是让每一位上门的咨询者经常操练一门功课：寻找微笑的理由。比如，在电梯门将要合拢时，有人按住按钮为了让你赶到；收到一封远方朋友的来信；有人称赞你的新发型；雨夜回家时发现门外那盏坏了很久的路灯今天亮了；清洁工在离你几步远的地方停下扫帚，而没有让你奔跑着躲避灰尘……诸如此类的生活细节，都可以作为微笑的理由，因为这是生活送给你的礼物。那些按这种要求去做的人发现，几乎每天都能轻而易举地找到十个微笑的理由。时间长了，夫妻间的感情裂痕开始弥合；与上司或同事的紧张关系趋向缓和；日子过得不如意的人也会憧憬起明天新的太阳。总之，他们付出微笑后都有了意想不到的收获。

❤ 通过社交雷达转移情绪

为了有效地交往，我们需要开发良好地解读他人内心想法的艺术。这要求我们把自己放在对方的立场上，解读交往中流露出来的暗示，适应我们必须与之接触的文化。以这种方式强化我们的社交"雷达"，就能够使自己更加适应他人的需要和安排，并且能够利用这一信息来预测我们将如何得到最有效的回应。

卓越的交流者能够通过思考他人的想法、想象他人的感觉，来把握他人意欲行动的方向。我们把这种情况称为移情作用，它在人际关系和面对面的交流中非常重要。我们还可以把这种现象称为"知情臆测"，因为我们永远不可能确切地知道他人的真实想法是什么。在这个意义上，良好地解读他人就像进行智力拼图游戏：我们与对方的联系越紧密，我们就越容易填补互相不了解的空白。我们可以从人们的举止言谈中，看到一系列情绪变化的细微线索，诸如双肩下垂，视线避免接触，声音发生变化，步履沉重缓慢等。我们把所有这些小块的拼图组织到一起，把它们与其他事情进行比较，我们就能够了解这个人情绪产生的原因。尽管这只是一种"知情臆测"，但是只要我们开始向他询问，我们很快就能从他的回答中知道，我们的预测是正确的。

依靠移情作用，指导顾问能够探测出顾客最头痛的核心问题；领导者能够依靠移情作用察觉出士气低落的原因，并在它影响业绩以前采取正确的行动解决它；顾客代表能够正确地解读提出服务投诉的顾客的想法和感觉。在我们讨论的所有技能中，移情作用可能是情感智力中最核心的一个。

证据表明，所有的人一出生就具有移情的能力。这是我们人类与其他灵长类动物（例如大猩猩和黑猩猩）共同拥有的东西：花许多时间去研究自己的同伴，学习如何了解同伴在想什么和感觉什么。刚出生几个月的婴儿，似乎能够认识到他们身边的情绪状态，并努力观察行为和模仿行为。在充满爱和友谊的背景中，儿童会充满自信地去体验新的行为，学习新的交往技巧。移情作用的根基存在于我们所有人的中间，存在于：

（1）我们的想象；

（2）我们解读非语言信号的能力；

（3）我们进行推演的能力；

（4）我们从自己在类似情景中的体验、推断某个人的情绪状态的能力。

下面是一个移情技能的应用实例。

婕瑞在说服她的上级经理考虑自己的意见时，很少能够成功。她的上级经理是培训业务的负责人。这一次，她感到情况有些不同。她从经理的观点中看到了与自己的意见有相同之处。这至少给了她一个公开的机会，使她能够预见并先把经理的目标纳入到自己的最新建议中——在公司的管理技能中引进在线远程培训服务。她在心里开始想象自己是上线经理，对提出这项新倡议可能发生的争议反复进行演练。然后，她开始想象她的经理可能会做出的回应。在进行这样的演练时，她始终把自己想象为那个经理。她采用了她的经理在听到一项新建议时经常采用的姿势，尽可能地去模拟她的经理对她的建议可能采取的回应行为。

　　在演练中她发现，作为她的经理，他关心的是人们在开始这项工作以后，可能缺乏完成它的动机。他感觉人们需要的可能仅仅是获得知识，而不理解应该把自己获得的技能运用到实践中去的需要。想到这里，她为如何把这个新观点推销出去的问题感到担心，她的上级经理会认为这是一次充满未知数的旅行，而那位凡事均持怀疑态度的上级经理，更关心的是从公司传统培训项目的成功中获取荣誉。她决定继续从她的经理的立场去想象和观察，她发现，他可能会对本部门失去对培训课程的控制感到担心。最后，她认识到，经理之所以会产生这样的担心，是因为他对自己希望引进的项目方面的技术问题知之甚少。于是，她认为自己发现了这个新建议中的利益，即由引进一个新的培训方法带来的潜在利润。而且新建议能够使培训成本下降，这一点也非常有吸引力。这些认识说服她，必须改变自己平常所采用的表达新观点的方式。她决定在提出新建议的时候，不去赞美新方法的优点，而是从它所能带来的利弊开始，重点强调每一项预测利润。

　　婕瑞进行了一次想象活动，她的预见也许是漂移不定的。但是，她的准备是一种移情作用的活动。这使得她对自己的上线经理的思维拥有了更好的认识，进而使自己把握住了如何把新观点推销给经理的更好的机会。

　　这一想象活动的流程是：

把你欲施加影响的那个人（或你需要使他们信服的、有影响力的、持怀疑态度的人）带入意识中——想象你将要与相关的人进行的交谈——站在对方的立场上，想象对方会做出的回应——他的感觉如何，他将会考虑什么，他将接受什么，以及他会拒绝什么，把由此产生的认识组合到你的交流计划中——运用他人的观点，或者中立者的观察，反映并改善你在交流中的行动方式。

在人际交往技巧方面，女性通常比男性有更多练习机会。与男孩子相比，人们更注重培养女孩子用恰当的方式表达自己的情绪，注意分辨情感的细微差异。那么，这是否意味着女性的移情能力就比男性更强呢？

一般来说，的确如此，但并不绝对。流行的观点认为，女性天生就比男性更善于顺应他人的情绪，这观点确实有科学的根据。例如，女性是比男性更善于替人着想，更倾向于替人考虑，将心比心，这就是说当某人感到痛苦或高兴时，另一位女性也会有同样的感受。研究数据显示，女性比男性更容易自发地产生与别人相同的感受。另外，女性也更善于觉察出他人一闪即逝的情绪。

不过，有一篇论述男女两性能力差异的重要评论认为，男性具有与女性相同的移情潜力，但其移情的动力却不如女性。这种观点认为，就移情来说，男性倾向于显示自己的男子气概，他们不想表现得太敏感，因为这可能被人们看成是一种"软弱"的表现。正如移情问题的主要研究者威廉·艾克斯所说的："有时，男人在社交场合中显得不动感情，这或许与他们想显示的自我形象有关，而与其移情能力强弱关系不大。"

♡ 听听音乐舒缓身心

音乐疗法是舒缓情绪的一种有效方法。古今中外都有音乐能疗疾之说。音乐可以陶冶情操，人可以从音乐中获得力量。听音乐不仅是一种美的享受，它还能调节人的情绪。当心情沮丧、闷闷不乐时，打开音响，听听音乐，不仅可享受到一种美的艺术，而且可激发热情，兴奋大脑，使你从中获得生活的力量和勇气。

音乐能够被作为一种深具潜力的治疗工具，是由它潜在的特性决定的：

（1）音乐能直接影响一个人的内在感情；

（2）音乐能使一个人得到对"美"的满足感；

（3）音乐能诱发一个人的活动力；

（4）音乐是一种非语言的沟通工具；

（5）音乐有一定的构造性与组织性；

（6）音乐活动能使一个人感到自我满足；

（7）音乐活动能促进一个人统合运动机能；

（8）音乐活动能帮助一个人宣泄内在的情绪；

（9）团体音乐活动能帮助促进人际关系。

虽然经过许多学者数十年的努力，音乐治疗的效果至今仍没有定论。不过已有一些经验性概念被提出来，其中有部分概念更可被引以为证，证明音乐治疗是一种独特的治疗模式，摘要如下：

（1）音乐可引发生理反应，但很难预料这些反应的方向；

（2）音乐可引发心理（情绪或情感）反应；

（3）音乐或许能引发想象及联想；

（4）音乐可引发认知反应；

（5）音乐有引发生理及心理"共鸣"的潜力；

（6）每个人对音乐之生理的、心理的与认知的反应均是独一无二的；

（7）音乐可同时引发心理的、认知的及生理的反应；

（8）每个人对音乐既有的了解程度及喜好度，与所引发的心理及生理反应很有关系；另外，其他的一些个人差异性也会影响对音乐的反应；

（9）音乐的成分与音乐整体一样，均会对心理及生理产生影响；

（10）音乐对其他治疗方法可能有增强或减弱的影响；

（11）对音乐的心理及生理反应可能是不一致的或相反的；

（12）除了聆听之外，某些音乐经验可能有助于压力处理；

（13）音乐的震动特性可能成为压力处理的有力因素；

（14）对音乐的生理的、心理的或认知的反应可能因音乐训练而异；

（15）由于音乐主要应用右大脑半球的功能，或许可用来阻断左大脑活动或促进右大脑的运作；

（16）音乐可作为增强物来强化想要的行为，聆听或参与音乐历程是一种愉快的经验；

（17）音乐可作为一种暗示，提供个体生理放松的线索，亦可当做注意集中点，因而可从分心状态或诱发焦虑之思考中再集中注意力；

（18）音乐可作为放松及积极性感情反应的一种诱发刺激；

（19）音乐或许可作为自律神经系统活动的一种制约刺激物。

❤ 将冷静培养成你的优秀习惯

在你的情绪备忘录里，一定要写上这七个字：冷静，冷静，再冷静！

在任何情形之下，我们都要保持一个冷静的头脑，即使一时束手无策也要保持镇定从容。

遇到变故便手足无措的人必定是头脑简单之人，一旦遇到重大的困难，这种人便要推卸重任。只有遇到意外情况仍然镇定从容的人，才能担当大事。

在失败和危急关头，保持冷静的头脑尤为重要。成大事者都会临危不乱，沉着冷静，理智地应对危局。

足球场上，两队经过90分钟酣战，又度过了随时可能遭遇"突然死亡"的30分钟加时赛，紧张刺激的时刻终于到了——点球决胜！

输赢在此一举。此时对于被指派上场的球员而言，什么是最重要的？信心？力量？技术？不！是冷静！此时唯有冷静的一方能助他完成这最后的致命一击，方能助整个球队走向辉煌的胜利。

冷静沉着是力挽危局的法宝。这种品质总能产生战无不胜的力量。古语有云：两军交战，勇者胜。其实，两军交战，更多的时候是能沉住气的那一方取得胜利的可能性最大。

历史上的法奥马伦哥战役是拿破仑执政后指挥的第一个重要战役。这次战役的胜利，对于巩固法国脆弱的资产阶级政权，对于加强拿破仑的统治地位都有着重要的意义。

在这场战役中，拿破仑把他的沉着冷静与临危不乱的品质发挥到了极致，并最终取得了战役的胜利。

他有效地制造和利用了敌人在判断上的错误，真正做到了出其不意，出奇制胜。从亚平宁山进入北意大利是法国人在历史上入侵意大利经常走的一条老路。

这一次，拿破仑一反常规，偏偏避开了他在第一次意大利战争中也曾走过的那条路线，选择了一条历史上很少有人走过、在一般人眼里根本无法通行的道路。结果，完全出乎奥军意料之外，达成了战略上的突然性，收到了战略奇袭的效果。正由于这一战略奇袭，他成功地避开了梅拉斯的主力，弥补了自己兵力的不足。

他灵活机敏，能够在复杂的形势下趋利避害，避实就虚。拿破仑率领预备军团翻过大圣伯纳德山口，进入北意大利后，面临着两种选择：一种是迅速南下，增援马塞纳，倾全力解热那亚之围，使意大利军团免遭覆灭的厄运；另一种是暂时置马塞纳于不顾，迅速挥师东进，直取伦巴第的首府米兰，阻断奥军退路，以求一举切断奥军主力与本土之间的联系，迫使奥军北撤，然后与其进行决战。拿破仑从战役全局出发，审时度势，权衡利弊，冷静地作出了选择后者的正确决策。

他沉着冷静地应付着险象环生的战斗环境，在关键时刻指挥若定，临危不惧。拿破仑在马伦哥战役中，正好显示了这样一个突出的特点。在6月14日下午的几个小时里，法军的处境可谓岌岌可危。按照一般人的看法，出现了这种情况，法军肯定是必败无疑了。可是，拿破仑却仍然镇定自若，继续从容不迫地指挥部队抗击敌人的进攻，因此争取了时间，等到了援兵。尽管德赛率部队及时赶到具有一定的偶然性，但拿破仑在这危急关头的坚定态度，对于稳定法军的情绪，鼓舞法军继续进行顽强的抵抗，无疑是有重要作用的。若没有他的坚定指挥，法军早在德赛的援军到达以前就崩溃了。

失败会导致一连串的连锁反应。除非你把失败看作是促进成长和实现成功的一个工具，否则失败对感情的重创一定会销蚀你的自信和乐观。当你明显发现自己没有任何一件事做对的时候，你会陷入些许的惊慌。那种惊慌会再转变成恐惧，你会害怕你每天在任何地方做的任何事情都会被弄得一团糟。

失败给了你时间来重新振作，来让你深深地喘口气，它还会提醒你，应该让已经过去的成为过去。一切已经结束，吸取教训，继续前进吧。为了做到这一点，你应该保持冷静。不管事情变得有多糟，你必须能够作出冷静、清醒的决定。如果你向激动和恐惧屈服，你就会屡屡把可能的成功变为失败。长期以来种种有损身心的举动，例如：压力造成的恐惧、大发脾气、郁郁寡欢、哭哭啼啼等，实际上都是出于懦弱。懦弱是最不受人们欢迎的特性之一。你也许会忘记自己在事情变得糟糕时的行为举止，但别人不会。

 情绪排毒　减轻压力的10种方法

有人说，压力就是魔鬼与天使的混合体。有时它是能带给人心灵和躯体双重伤害的魔鬼，有时它又化身为促进人们更快达到目标的天使。其实压力是魔鬼还是天使，决定权在你，就看你能不能把压力稳放在平衡木上了。

所谓的压力，是当我们去适应由周围环境引起的刺激时，我们的身体或者精神上的生理反应。这种反应包括身体成分和精神成分。

人活着就会感受到压力。没有人是可以"免疫"的，不管你喜欢与否，压力是生活的一部分，会每天伴随着我们。

事实上，压力是可以化解的，只要你掌握一定的方法和技巧，就能巧妙地解压，重拾轻松和快乐。

世界上不存在没有任何压力的环境。要求生活中没有压力，就好比幻想在没有摩擦力的地面上行走一样不可能，关键在于你怎样对待压力。这里向你介绍几种解除压力的秘诀，只要你去做，就可能收到意想不到的效果。

1.面对压力要有心理准备

要充分认识到现代社会的高效率必然带来高竞争性和高挑战性，对于由此产生的某些负面影响要有足够的心理准备，免得临时惊慌失措，加重压力。同时心态要保持正常、乐观豁达，不为逆境心事重重。提醒自己事情不可能都是尽善尽美的。

2.不挑食不贪食

适度摄取均衡、多样化的食物有助于维持体重稳定，保持身心健康。哈佛大学的研究人员建议，学习亚洲及地中海地区的饮食习惯，即多摄取谷类、水果和蔬菜，少吃含动物性脂肪的食物及甜食。

3.一天中要多休息

可以每小时休息10分钟，从而使头脑清醒，呼吸通畅。

4.运动消气

利用空闲时间锻炼身体。法国出现了一种新兴的行业：运动消气中心。中心均有专业教练指导，教人如何大喊大叫、扭毛巾、打枕头、捶沙发等，做一种运动量颇大的"减压消气操"。在这些运动中心，上下左右皆布满了海绵，任人摸爬滚打，纵横驰骋。

5.看恐怖片

美国有专家建议，人们感到工作有压力，是源于他们对工作的责任感。此时他们需要的是鼓励，是打起精神。所以与其通过放松技巧来克服压力，倒不如激励自己去面对充满压力的情况，例如去看一场恐怖电影。

6.嗅嗅精油

在欧洲和日本，风行一种芳香疗法。特别是一些女孩子，都为这些由芳草或其他植物提炼出的精油所醉倒。原来精油能通过嗅觉神经，刺激或平服人类大脑的神经细胞，对舒缓神经紧张、心理压力很有效果。

7.吃零食

吃零食的目的并不在于仅仅满足饥饿的需要，更在于对紧张的缓解和内心冲突的消除。当食物与嘴部皮肤接触时，一方面它能够通过皮肤神经将感觉信息传递到大脑中枢，从而产生一种慰藉，使人通过与外界物体的接触而消除内心的压力；另一方面当嘴部接触食物并咀嚼和吞咽的时候，可以使人对紧张和焦虑的注意转移，在大脑摄食中枢产生另外一个兴奋区，从而使紧张兴奋区得到抑制，最终使身心得到放松。

8.穿上称心的旧衣服

穿上一条平时心爱的旧裤子，再套一件宽松衫，你的心理压力不知不觉就会减轻。因为穿了很久的衣服会使人回忆起某一特定时空的感受，并深深地沉浸在缅怀过去如梦般的生活眷恋中，人的情绪也为之高涨起来。与此同时，当人们穿上自己认为非常"顺眼"的衣服，自我感觉良好时，就会重新鼓起面对现实的信心和勇气。

9.养宠物益身心

一项心理学试验显示，当精神紧张的人在观赏自养的金鱼或热带鱼在鱼缸中姿势优雅地翩翩游动时，往往会无意识地进入"荣辱皆忘"的境界，心中的压力也大为减轻。日本东京一家电脑公司的老板为消除雇员的紧张，每个月花2500美元请人定时牵来憨态可掬的牧羊犬，让公司雇员放下手中的工作来逗弄牧羊犬，从而减轻因工作紧张带来的精神压力。

10.处理好事业与家庭的关系

家庭的和睦与事业的成功绝非水火不容，它们的关系是互动的。"家和万事兴"；无力"齐家"，恐怕也无力"平天下"，无力与你的家人共同分享工作的快乐。

第二篇
哪些情绪需要整理

　　当你的言行充满自信时，你还会自卑吗？当你平心静气时，你还会愤怒吗？当你懂得知足常乐时，你还会为求不得而烦恼吗？当你已经学会凡事往好处想时，你还会悲观吗？当你理解到这就是必须坦然面对的问题，你还会恐惧、逃避吗？……当你知道自己有哪些坏情绪，而且能够自我整理，便能更好地理解自己，与他人相处融洽。

第四章
愤怒情绪：自制，别让坏脾气毁了你

♡ 遇事冲动是"发狂的野马"

在非洲草原上，吸血蝙蝠在攻击野马时，常附在马腿上，用锋利的牙齿极其迅速地刺破野马的腿，然后用尖尖的嘴吸血。无论野马怎么蹦跳、狂奔，都无法驱逐这种蝙蝠，蝙蝠可以从容地吸附在野马身上，直到吸饱吸足，才满意地飞去。而野马常常在暴怒、狂奔、流血中无可奈何地死去。

事实上，害死野马的不是吸血蝙蝠，而是他们自己。动物学家们经过研究发现，吸血蝙蝠所吸的血量是微不足道的，根本不会让野马死去，导致野马死亡的真正原因是它暴怒的性格。

俗话说："一碗饭填不饱肚子，一口气能把人撑死。"如果我们遇事也如同发狂的野马那样，不能控制心态，不能理智、冷静地面对一切，就很有可能自取灭亡。

刘备、关羽、张飞三人同生共死，齐心协力，从寄人篱下到打下了一大片江山，事业蒸蒸日上。可是，这一份伟业从关羽败走麦城开始，就由盛转衰——先是关羽大意失了荆州，被吴国生擒斩首；然后，张飞被部下暗杀；最后，刘备70万大军被东吴的一把火烧尽。这一连串的"倒霉事"，都是因为三兄弟的冲动。关羽的狂妄自大，为他的失败埋下了伏笔；张飞为关羽报仇心切，情绪失控，以鞭打部下来发泄，导致被害；最后稳重的刘备也失去了理智，不顾孔明等人的苦苦规劝，执意伐吴，结果导致惨败。

冲动是会受到惩罚的，西方有句民谚说："上帝欲使其灭亡，必先使其疯狂。"情绪一旦失控，心态一旦浮躁，那就好比推倒了命运的多米诺骨牌，会坏事连着坏事，霉运接着霉运。

悲欢离合本是常理，我们生活在充满矛盾的世界上，谁没有遇到过让人生气、令人气愤的事呢？然而，无论从生理健康还是心理健康上讲，遇到不顺心的事动辄勃然大怒是有百弊无一利的。因为怒气犹如人体中的一枚定时炸弹，不仅会毁灭他人，还会给自己带来灭顶之灾。

林则徐自幼聪颖，但是他喜怒无常的性格让他的父亲林宾日忧心忡忡，为此，林宾日经常教育林则徐遇事不要冲动。有一天，林宾日给林则徐讲了一个"急性判官"的故事：某官以孝著称，对不孝之子绝不轻饶，必加重处罚。一日，两个贼人入户盗得一头耕牛，又把这家的儿子五花大绑押至县衙，向县官诉其打骂父母不孝之罪。该官一听儿子竟然打骂父母，犯下不孝之罪，于是不问青红皂白喝令衙役杖责其50大棍。直到这家老母跌跌撞撞赶来说明真相，糊涂的县官这才想起找两个贼人算账，可两个贼人早已逃得无影无踪了。

这个故事给林则徐留下了终生难以磨灭的印象。后来林则徐做了高官，他的府衙里长年挂着一块牌匾，上书"制怒"两个大字，以此提醒自己，警示自己。在任两广总督时，一次林则徐盛怒之下把一只茶杯摔得粉碎。当他抬起头，看到"制怒"两字时，意识到自己的老毛病又犯了，立即谢绝了仆人的代劳，亲自动手打扫摔碎的茶杯，以示悔过。

"怒"是人的七情之一，但却是一种负面的情绪。"怒伤肝""多怒则百脉不定"，这些浅显的医学道理人人皆知。所以遇事要克制自己，尽量不要发怒，怒气一旦出现，要善于制怒。除了林则徐"悬联"的方法外，古人还留下了很多制止冲动的方法，值得我们参考。

佩物。《韩非子》中记载，春秋时，魏国邺令西门豹为了克服性情急躁的毛病，便"佩韦以缓气"。"韦"是熟牛皮，西门豹取其质地柔软的特性以自戒。据说每当他要发脾气时，看到身上的佩物，气就能消一半。

写字。韩愈在《送高闲人序》中介绍，唐代的张说，写字不是为了练习书法，而是以此排遣心中的怒气。

下棋。明代郑瑄在《昨非庵日纂》中写道，李纳性情急躁，易发脾气，但每逢下棋，他的性情就趋于安详、宽缓。所以凡是遇到使他心情躁怒的事，家人便悄悄将棋盘摆在他面前。李纳见了棋盘，怒气马上就消失了。

面壁。晋朝有个人叫王述，脾气很大。据说，他吃鸡蛋，筷子夹不住，竟抓起鸡蛋扔在地上，又拾起放在嘴里咬碎，再狠狠地吐出。如此乖戾的脾气，但必要时也能出奇的克制住而不怒。有一次，他因事和谢奕闹翻，谢奕气势汹汹骂上门来，说了许多非常难听的话。而王述却一声不吭，只是默默地面对墙壁而立。谢奕离去很久，王述才转过身来又继续做自己的事情。

跑步。古时候，一个叫爱地巴的人，他一生气就绕着自己的房子和土地跑3圈。后来他的房子越来越大，土地也越来越多，而一生气，他仍然绕着房子和土地跑3圈。有人不理解他这种习惯，爱地巴解释说：年轻时，一和人吵架、生气，我就绕着自己的房子和土地跑3圈，边跑边想，自己的房子这么小，土地这么少，哪有时间和精力去跟人生气呢？不如多做点事情改变家境；现在老了，我边跑就边想，我房子这么大，土地这么多，上天对我不错了，又何必与人计较呢？一想到这里我的气就消了。"

♡ 不要因为小事而窝火

人与人相处，难免会发生矛盾与摩擦。当别人嘲讽你、攻击你时，你可以反唇相讥、针锋相对，但结果肯定是大家都生气。如果因为一些小事情而冤冤相报，是很不值得的。学会不为小事生气，用宽容的心去说服对方，你才能赢得对手与众人的尊重。

生意人最常说的一句话是"和气生财"，因为做生意只有脾气好一点，说话态度和气一些，顾客才会心里舒服，愿意买你的东西。相反，总是一副生气的表情，不仅赚不到钱，也很难做成大事。这正应了农村的一句谚语："好活计不如好脾气，好买卖全靠一张嘴。"

人的行为其实是可以相互影响的，如果你是一个面带微笑、讲话和气的人，别人跟你说话时也会客客气气的，语调也会很友好。如果你不会说和气话，别人也就不愿意对你态度好。

　　黄征两口子在一家饭店旁边开了一家小便利店。经常有顾客到黄征的店里买完东西后，就把车停在店门口，到饭店里吃饭。这天中午，黄征和妻子正在吃午饭，店门前来了一辆奔驰车，车子停到店门口，一位中年男人在黄征的店里买了一包中华烟，然后就要到旁边的饭店里去吃饭。

　　黄征的妻子见状，连忙跑出门叫住了那个男人："先生，麻烦你把你的车子移一下吧，你的车挡在我家的店门口了。"中年男人不想移车，随口说道："我吃完饭很快就回来，不耽误你们做生意。"黄征的妻子听完后很生气："你这个人怎么这样？开个奔驰有什么了不起，快点把车挪开。"中年男人也不示弱："你说对了，我就是很了不起。我爱停哪就停哪，你管得着吗？"两个人你一言我一语互不相让地吵了起来。两人越吵声音越大，周围的人纷纷驻足围观。有几个路人本来想来小店买烟，一看这架势便纷纷绕道往别处去了。

　　黄征一见这种情况，赶紧从店里走了出来，对妻子说："行了，咱们开门做生意讲究和气生财，犯不着为这点小事和客人吵架。"随后，黄征从口袋里掏出一包中华烟微笑着递给中年男人："先生，不好意思，我老婆她脾气不太好，还请您多担待。"

　　中年男人接过烟，没有说话。黄征接着说："这车真不错，你一定是大公司的老板吧？""也不算太大。"中年男人的语气已经缓和多了。"别谦虚了，您的公司怎么也比我们这家小店强，我们也就是在北京混口饭吃。"黄征说。

　　"都一样，大家都不容易……"那男子把手中的烟还给了黄征，看了看自己的车说，"我的车停在这里，确实会影响你的生意，我给倒开吧。"黄征赶紧跑到车后面，指挥着"倒，倒，倒……停"，协助他重新停车。就这样，一场冲突平息了，一切又恢复了正常。

作为生意人，最忌讳的就是与顾客针锋相对地争吵。当顾客情绪激动的时候，你不应该告诉顾客他错在了哪里，而是要避其锋芒，先稳定住顾客的情绪，再让顾客心平气和地听自己讲道理。

面对中年男人的不合作态度，黄征的妻子选择用感性的方式来解决问题，毫不掩饰自己的气愤，结果双方越说越僵。而黄征则非常理性和圆滑，尽管事情错不在自己，他还是本着"以和为贵"的原则，控制住自己的脾气，努力促使事态向着缓和的方向发展。他以和气的口吻与中年男人沟通，求得对方的理解和让步，使事情得以顺利解决，车挪开了，生意继续做，双方皆大欢喜。

生活中，我们经常也会遇到类似的情况。当他人的做法不合理、甚至不讲理时，如果一味地采用强硬的态度、责问的方式去沟通，只会激起对方的抵触情绪，结果事情越闹越僵，一旦出现不可收拾的局面，对双方都没有好处。

做人，就要有好脾气，学会说软话。只要是不涉及原则利益的问题，就要使气氛尽量和谐一些，不要因为一时之气引起冲突而影响大局。

♡ 生气的时候不要做决定

人生气时，说话做事的智商只有5岁，所以不要轻易地做决定。

成吉思汗曾经建立了横跨欧亚大陆的帝国。他能够有这样大的成就，与他善于控制自己的情绪有关。

有一次，成吉思汗带着一队人出去打猎。他们一大早便出发了，可是到了中午仍没有收获，只好意兴阑珊地返回帐篷。成吉思汗心有不甘，便又带着皮袋、弓箭以及心爱的飞鹰，独自一人走回山上。

烈日当空之下，他沿着羊肠小径向山上走去，一直走了好长时间，口渴的感觉越来越重，但他却找不到任何水源。

良久，他来到了一个山谷，见有溪水从上面一滴一滴地流下来。成吉思汗非常高兴，就从皮袋里取出一只金属杯子，耐着性子用杯去接一滴一滴流下来的水。

当水接到七八分满时，他高兴地把杯子拿到嘴边，想把水喝下去。就在这时，一股疾风猛然把杯子从他手里打了下来。

将到口边的水却被弄洒了，成吉思汗不禁又急又怒。他抬头看见自己的爱鹰在头顶上盘旋，才知道是它捣的鬼。尽管他非常生气，却又无可奈何，只好拿起杯子重新接水喝。

当水再次接到七八分满时，又有一股疾风把水杯再次弄翻了。

原来又是他的飞鹰干的好事！成吉思汗怒到极点，顿生报复心："好！你这只老鹰既然不知好歹，专给我找麻烦，那我就好好整治一下你这家伙！"

于是，成吉思汗一声不响地拾起水杯，再从头等着一滴滴的水。当水接到七八分满时，他悄悄取出尖刀，拿在手中，然后把杯子慢慢地移近嘴边。老鹰再次向他飞来时，成吉思汗迅速拿出尖刀，把鹰杀死了。

不过，由于他的注意力过分集中，在杀死老鹰时，疏忽了手中的杯子，结果杯子掉进了山谷里。成吉思汗无法再接水喝了，不过他想到：既然有水从山上滴下来，那么上面也许有蓄水的地方，很可能是湖泊或山泉：于是他忍住口渴的煎熬，拼尽气力向上爬，几经辛苦后，他终于攀上了山顶，发现那里果然有一个蓄水的池塘。

成吉思汗兴奋极了，立即弯下身子想要喝个饱。忽然，他看见池边有一条大毒蛇的尸体，这时才恍然大悟："原来飞鹰救了我一命，正是因为它刚才屡屡打翻我杯子里的水，才使我没有喝下被毒蛇污染的水。"

成吉思汗明白自己做错了，他带着自责的心情，忍着口渴返回了帐篷。他对自己说："从今以后，我绝不在生气时做任何决定！"这一决心，使成吉思汗避免了很多错事，给他的雄图霸业带来了莫大的帮助。

列夫·托尔斯泰说："愤怒使别人遭殃，但受害最大的却是自己。"人一旦处于愤怒的状态，便会失去理智，难以保持清醒的头脑。会做出错误的判断，因而做错事、蠢事的机率便大大增加。

一个女人在生小孩时，男人出车祸死了。女人是坚强的，她决定独自一人把孩子拉扯大，幸好，他家有条聪明能干的狗，能帮她照看孩子。

有一天，女人有事外出，很晚才回来。狗知道主人回来了，欢快地跑出来迎接。可是女人看到狗嘴里全是血，一种不祥的预感顿时涌上心头，心想是不是这狗由于饥饿兽性发作把孩子给吃了。于是她急忙赶到床边，孩子不在，只看到一堆血迹。

女人在愤怒之下，拿起棍子便将这条狗活活打死。谁知就在这时候，孩子哭着从床底下爬了出来，女人这才知道自己错怪了狗，四下查看，发现不远处躺着一条狼，已被咬死了。

原来在女人外出的时候，狼溜了进来想吃孩子，狗勇敢地冲上去与狼搏斗，最终保住了孩子的生命，把狼咬死，自己负伤。女人知道真相后，嚎啕大哭，悔恨不已，可是一切已经无法换回。

为什么会发生这样的悲剧？那是因为女人被强烈的愤怒冲昏了头脑，失去了理智，以至忽视了最基本的判断。其实这也是人的通病。根据心理学家的测算，人在愤怒的时候，智商是最低的。在愤怒的关头，人们会作出非常愚蠢的决定而自以为是，也会作出非常危险的举动而自以为大义凛然。这个时候所作的决定，90%以上都是极端的错误。

所以，孟子说："骤然临之而不惊，无故加之而不怒，此之谓大丈夫。"康德说："生气，是拿别人的错误惩罚自己。"毕达哥拉斯则说："愤怒以愚蠢开始，以后悔告终。"

♡ 改变自己的心境

一座山上，有两块一模一样的石头。几年后，两块石头的境遇却截然不同：第一块石头受到众人的敬仰和膜拜，第二块石头始终默默无闻、无人理睬。不招待见的石头抱怨道："为什么同样是石头，差距竟然这么大？"第一块石头微笑着说："几年前，山里来了一个雕刻家，决定在我们身上雕刻。你害怕一刀一刀割在身上的疼痛，拒绝了；我却一刀一刀忍受下来，现在成了佛像。"抱怨的石头听完这句话，顿时哑口无言。

"天将降大任于斯人也，必先苦其心智，劳其筋骨，饿其体肤。"孟子的这句话，显然很有道理。社会是真实而残酷的，我们都被生活一刀一刀地雕刻，在艰苦日子的洗礼中，收获宝贵的人生经验，拥有更加成熟的心志，从而一步步走向富裕和成功。

《西游记》中的孙猴子不仅会七十二变，还能用金箍棒降妖除魔，甚至连玉帝老儿都不放在眼里，敢把天宫闹个天翻地覆，看起来他真的是要多牛有多牛。实际上，孙悟空并不是无所不能的，就像现实中的每个人，都曾以为自己无所不能，到头来却总要经历一番磨难和苦痛。

取经路上的九九八十一难，与其说是妖魔鬼怪作祟，不如说是上天的考验，只有经受住种种考验，通过不急不躁、自我完善和调整心境去解决问题，才能最终通过考验、取回"真经"。一路上，孙悟空开始慢慢省悟：我即使能耐再大也有解决不了的难题，需要四处请救兵帮忙；唐僧再怎么不对，毕竟还是师傅，如果我不能说服他、只顾蛮干，就得忍受紧箍咒越收越紧的疼痛；对付高智商的妖怪，不能光靠抢棒子，还得多动脑筋、多想办法；路是一步一步走出来的，心中充满目标和希望，才能慢慢地接近目的地……想必许多人都是在经历各自的"八十一难"后，方才醍醐灌顶，读懂一切的吧。

高晋是北京一家著名报社的副主编，他说："不要看我今天这么风光，想当年刚开始做实习记者时可是受尽侮辱。有一次主编看过稿子后不满意，把我臭骂一顿，把稿子扔了一地，我只好趴在地上，从女同事脚边把稿子捡起来；新闻部主任也常这样训我：'咱这里是用人的地方，真想不明白你在学校里都学了什么东西，难道让我每天帮你修改那些文理不通的稿子吗？'……仔细想想，如果没有那段'窝囊'经历，我还真达不到今天这个水平。"

人生活在社会中，注定会面临太多太多的难题：出身不如别人，生存很艰难；生活的圈子太小，办事处处费心；感情上受到挫折，爱情至今难寻……似乎处处都有绊脚石，令你头疼不已。

这时候，你要具备一种"蘑菇"心态，学会忍受一些不公正的待遇，比如"被安排到不受重视的部门""总是做一些琐碎的小事""遭遇上司的冷嘲热讽""偶尔还代人受过"等。别人越是忽视你或自己越遭遇挫折，你越不要消沉。换个角度看，你会发现这是一件好事，会消除你不切实际的幻想，在无形中形成你的职业态度，使你认识到脚踏实地、用心努力，才能赢得别人的尊重，学到真本事。否则，一受到委屈，就叫嚷着"大不了不干了"，只能被视为不成熟的表现，难逃"光荣离职"的命运。

对于生活、事业上的种种困难，你是沮丧失望下去？继续郁闷下去？长吁短叹下去？还是改变心境，熬过去？有句歌词唱得好"没有人能够随随便便成功"，风光的背后都是苦难和艰辛，好日子来之不易，它需要你不生气不抱怨，坚定不移朝着正确的方向走下去。

著名笑星赵本山在小品《我想有个家》里有一句经典台词："人生就像一杯二锅头，酸甜苦辣别犯愁，往下咽。"话很风趣，道理也很实在。

没有饥饿的经历，你便不知道一粒米的可贵，不知道那些被太阳晒黑了皮肤的耕种者的可敬，当然更无从感受饿得头昏眼花或者伸手乞讨的可悲和可怕。终日打着饱嗝的人，除了需要一两根牙签剔剔牙齿，没有别的需求，爱心和同情对他们来说，都是多余的东西。

没有品尝过寄人篱下的滋味，听不到风凉话，看不到冷脸，过多的奉承让你形成发育不全的性格。突然某一天，你背靠的大树倒了，你开始失宠，在坑坑洼洼的路上，你绝对不如别人那样行走自如。

每天，我们都应该心平气和地面对生活中的种种苦难和不如意。苦，可以折磨人，也可以锻炼人。吃一番苦，可以使我们更加深切地领悟人生；吃一番苦，可以使我们更加珍惜现在拥有的一切；吃一番苦，可以使我们更具坚韧的品格和精神；吃一番苦，可以使我们对生活多一份感情，对他人多一份爱心，对弱者多一份怜悯。那么，从现在起，改变我们的心境，不生气、不抱怨地生活。

♥ 随时随地保持微笑

在台湾的一个博物馆，有这样一个牌子，上面写了两句话。前面一句是："本馆有摄像监视"，按照我们通常的逻辑，后面的一句话应该是类似"如有偷盗，罚款×元"这样的警示语言，但实际上后面的一句话是"请你随时保持微笑！"出乎意料之余仔细想想，这两句话让我们不由地赞叹这种从容而有风度、充满善意的忠告。

给他人一个小小的微笑，就能传达"祝你快乐"的信息。如果我们脸上随时面带微笑，那么周围的人就会投桃报李，就会有更多的笑容向我们绽放。当人们置身在这微笑的海洋中，人与人之间的陌生和隔阂就会冰雪消融，就会感觉春风习习、暖意盎然，自然就不会做出顺手牵羊的行为了。

当你向别人微笑时，实际上就是以巧妙的方式告诉他，你喜欢他，你尊重他，这样就容易博得别人的尊重、喜爱与信任。人人多一点微笑，世界就会多一些安详、融洽、和谐与快乐。因此，英国诗人雪莱说："微笑，实在是仁爱的象征，快乐的源泉，亲近别人的媒介。有了笑，人类的感情就连通了。"

有一位叫珍妮的小姐去参加美国联合航空公司的招聘，她没有任何特殊关系，完全凭着自己的本领去争取。她被录用了，原因是：她的脸上总带着微笑。后来，那位人事经理微笑着对珍妮说："我宁愿雇用一名有可爱笑容而没有念完中学的女孩，也不愿雇用一个摆着生硬面孔的管理学博士。小姐，你最大的资本就是你脸上的微笑。"

"一副微笑的面孔就是一封介绍信"，我们处世要做到心态平和，乐观向上，善待人生，这样才会自然地流露出真诚的笑容。真诚的微笑最能打动人，会使我们产生一种无形的亲和力与人格的魅力，甚至还能给我们带来巨额的财富。卡耐基就这样说过："微笑不花费什么，但却永远价值连城。"

装潢富丽的科尼克亚购物中心即将开业了，让经理犯难的是，导购小姐工作装的款式迟迟没有定下来。他望着7家服装公司送来的竞标样品，尽管设计得各有特色，但还是感觉缺了点什么。为此他不得不打电话向他的老朋友——世界著名时装设计大师丹诺·布鲁尔征求意见。这位83岁的老人听明白朋友的意思后，说："穿什么制服并不重要，只要面带微笑就足够了。"凭借微笑的服务，科尼克亚成了巴黎最大的购物中心。

美国著名的"旅馆大王"希尔顿也是靠微笑发大财的。当初希尔顿投资5 000美元开办了他的第一家旅馆，资产在数年后迅速增值到几千万美元。此时，希尔顿得意地向母亲讨教现在他该干什么，母亲告诉他："你现在要去把握更有价值的东西，除了对顾客要诚实之外，还要有一种更行之有效的办法，一要简单，二要容易做到，三要不花钱，四要行之长久——那就是微笑。"于是希尔顿要求他的员工，不论如何辛苦，都必须对顾客保持微笑。"你今天对顾客微笑了没有？"是希尔顿的名言。他有个习惯，每天至少要与一家希尔顿旅馆的服务人员接触，在接触中他向各级人员问及最多的也是这句话。即使在美国经济萧条最严重的1930年，全美的旅馆倒闭了80%，希尔顿的旅馆也连年亏损，希尔顿仍要求每个员工："无论旅馆本身遭遇如何，希尔顿旅馆服务员的微笑永远是属于旅馆的阳光。"微笑不仅使希尔顿公司率先渡过难关，而且带来了巨大的经济效益，使公司发展到在世界五大洲拥有70余家旅馆，资产总值达数十亿美元。

人什么时候最美？就是在脸上浮现出一丝微笑的时候。微笑是一种含意深远的身体语言，是沟通人与人心灵的渠道。它可以缩短人与人之间的距离，化解令人尴尬的僵局，可以使别人从见到你的第一分钟起，就自然而然地产生一种安全感、亲切感、愉快感。微笑就是如此富有魅力，如此招人喜爱。每一个发自内心的微笑，所具有的神奇力量往往是无法估量的。

玛丽小姐打开门时，发现一个持刀的男人正恶狠狠地盯着自己。玛丽灵机一动，微笑地说："朋友，你真会开玩笑！是推销菜刀吧？"边说边让男人进屋，接着说："你很像我过去的一位好心的邻居，看到你真的很高兴，你要咖啡还是茶？"本来面带杀气的男人慢慢地变得腼腆起来，有点结巴地说："哦，谢谢！"最后，玛丽真的买下了那把明晃晃的菜刀，男人拿着钱迟疑了一下走了，在转身离去的时候，他说："小姐，你将改变我的一生。"

如果说这个故事无法考证真伪的话，那么《小王子》的作者安东尼的经历却是真实发生的，微笑把他从鬼门关中拉了回来。

第二次世界大战前，安东尼参加了西班牙内战，打击法西斯分子，后来陷入魔掌。在监狱里，看守监狱的警卫一脸凶相，态度极为恶劣。安东尼认为自己第二天绝对会被拖出去枪毙，于是陷入极度的惶恐与不安中。他翻遍口袋找到一支香烟，却找不到火柴。他鼓起勇气向警卫借火，警卫冷漠地将火递给了他。

那刻骨铭心的一瞬间，被安东尼那细腻的文笔记录了下来："当他帮我点火时，他的眼光无意中与我的相接触，这时我突然冲他微笑。我不知道自己为何有这般反应，在这一刹那，这抹微笑如同鲜花般打破了我们心灵之间的隔阂。受到我的感染，他的嘴角也不自觉地现出了笑意，虽然我知道他原无此意。他点完火后并没有立刻离开，两眼盯着我瞧，脸上仍带着微笑。我也以笑容回应，仿佛他是个朋友。他看着我的眼神也少了当初的那股凶气……"尔后，两人聊了起来，对家人的思念和对生命的担忧使安东尼的声音渐渐哽咽。后来，看守一言不发地打开狱门，悄悄带着安东尼从后面的小路逃走了……微笑，就这样创造了生命的奇迹。

笑容是一种令人感觉愉快的面部表情，它可以缩短人与人之间的心理距离，为深入沟通与交往创造温馨和谐的氛围。因此有人把笑容比作人际交往的润滑剂。而在笑容中，微笑最自然大方，最真诚友善，是人类最美的表情。微笑虽然只是一个简单的动作，却可以表达多种积极的含义：歉意、支持、赞赏、安慰、关怀……因此，我们最应当问自己的一句话就是"我微笑着吗？"

为什么要随时面带微笑？因为保持微笑，至少有以下几个方面的作用：一是放松身体。当你在生活中遇到身体的紧张状态时，在脸上漾出一个微笑，就能够化解自己的紧张。二是能够放松人的心理，放松人的情绪，放松紧张的思维。三是能够缓解痛苦、哀伤、忧愁、愤怒、难过、压抑等不良情绪。四是能够使一直处于紧张、僵化状态的思维活跃起来，甚至激发出灵感。五是能增加你的魅力，给你带来朋友，为你增加人生的机会，让你更容易成为一个成功者。

现在的社会中，竞争越来越激烈，人们的压力也越来越大。这种情况下，很多人已经笑不出来了，即使勉强笑一下，也是皮笑肉不笑，笑得比哭还难看。只有那些心态平常、与人为善的人，才能真正从内心深处发出真诚的微笑。因此，想要用自己的微笑感染他人，还是先将心态调整好吧。

别太较真，别给心里添堵

天空，太蓝；大海，太咸；人生，太难；工作，太烦。人生是很难，工作也的确有很多烦心之处，正因为如此，我们才要找点乐趣，苦中作乐。换个角度说，很多的烦心事都是自己找的，一个人不让自己烦恼，别人很难让他烦恼，让他生气。

人的一生，活着的时间也就那么几万天，快乐过也是一天，郁闷过也是一天。因此无论是为人处世，还是干工作、过日子，都要时时保持一颗平常心，好运来了淡然一笑，麻烦来了平静面对，始终保持愉快的心情。人这一辈子，不就是要过得快乐、不生气吗？

凡事不能不认真，又不能太认真。什么时候认真，什么时候不能太认真呢？这要具体情况具体分析。做人做事、做学问、干工作要认真，面对大是大非的原则性问题要认真。而对于那些无关大局的琐事，就不必太认真和自找麻烦，只有这样你才能排除心中的一切烦恼与杂念。

第二次世界大战时，范·拉塞尔在美国好莱坞经营一家影业公司。拉塞尔手下有一名技术专家名叫皮特·里弗斯，此人的脾气非常暴躁，无论是谁只要一不小心说错了话，便会被他训斥一番，连老板拉塞尔也不例外。好在拉塞尔为人宽宏大量不和他计较，况且里弗斯只是为人很固执，但是很敬业，专业能力是值得肯定的。

有一天，为了一件工作上的事，里弗斯同技术小组的一名助手吵了起来，最后他甚至拍着桌子骂起来，拉塞尔前去劝阻也没有用。正在局面闹得无法收场之际，里弗斯的小女儿突然跟着母亲来到了工作室，女儿见到父亲暴怒的可怕模样，吓得当场大哭起来。里弗斯见状，急忙跑过去哄女儿开心，刚才的怒火转眼间烟消云散了。

拉塞尔看到这一情景，突然心头一亮：原来里弗斯的"死穴"是他的宝贝女儿啊，对谁都不服的里弗斯只有面对女儿时才千依百顺。于是，拉塞尔打算从里弗斯的女儿身上做文章，设法使里弗斯尽量改变脾气，和同事们搞好关系，为公司作出更大贡献。拉塞尔在离公司不远的地方给里弗斯租了一套房子，目的是让他和妻子、女儿能够生活在一起。里弗斯对于公司的好意，心里感到十分过意不去，始终不肯接受。

拉塞尔笑着说："搬不搬家，恐怕由不得你了，先去看看房子吧。"

"你这是什么意思？"里弗斯嘟囔起来，"难不成你还要强迫我住进去吗？"

"不是我强迫你，是你的女儿罗丝，她已经替你做主了。"

里弗斯走进屋子，看到女儿已把东西搬进来了，正冲他微笑，这样一来里弗斯就无话可说了。拉塞尔趁机语重心长地对里弗斯说："皮特，作为你的朋友，我可要劝劝你了，为了罗丝，你的脾气应该改改了。我知道你每次发完脾气后自己都很愧疚，如果每次与别人发火之前，你都把对方想象成你的女儿，那样气不就自然消了吗？"

里弗斯沉思了半天，对拉塞尔说："你说得对，我真的应该改改脾气了！"

于是，里弗斯听从了拉塞尔的安排，搬进了新居，他非常感激拉塞尔的关照。他按照拉塞尔的建议去控制自己的情绪，也很少在公司里发脾气了，他专心带领自己的科研小组，为公司陆续开发出了一批新产品，创造了巨大的效益。

如果不是遇到拉塞尔这样的好老板用心点拨，里弗斯恐怕依然会我行我素，其结果注定是成为公司里"最不受欢迎的面孔"。人活着不能自己给自己添堵，即使不为了自己，哪怕是为自己的家人，也应该像里弗斯一样调整情绪，不必事事吹毛求疵，不必事事大动肝火。

♡ 不发脾气，再生气也有底线

生活中有很多令人生气的事情，本来是可以避免的，就是因为脾气太过暴躁，任由情绪爆炸。

暴躁是指在一定场合受到不利于己的刺激就暴跳如雷的人格表现缺陷。暴躁的人就像心中始终藏着一颗炸弹，说不准什么时候它就会爆炸，爆炸的结果自然是伤人伤己的。

脾气暴躁的人，生起气来，就喜欢摔物品。这是很愚蠢的行为，如果物品是自己的，等气消的时候还要花钱再买；如果毁坏的物品不是自己的，结果就不仅仅只是花点钱的问题，甚至会引出更大的麻烦。所以，在生气甚至愤怒的时候，最好不要拿物品出气。

一天，孙某的老婆做错了事，被孙某奚落了一顿后，心里特别不高兴，饭吃一半就不吃了，撅着嘴走到电脑前玩游戏。

孙某一看就知道自己错了，于是开始哄她吃饭。他说："快吃饭吧，你看撅着嘴多难看。"并且把手里的镜子放在她面前。谁知她拿过镜子，一下子摔得粉碎。这时，孙某心里特别不好受，他最烦别人生气时摔东西了。更何况还是镜子，有道是"破镜难重圆"。以前她也摔过两次东西，他都忍了，这次真是太过分了。

孙某越想越气：摔东西谁不会啊，你不是摔镜子吗？看看我都摔什么。他扫了一眼桌子上的东西，抓起了不锈钢饭盒狠狠地摔在了地上，"当"的一声，连自己都吓了一跳。但是孙某的老婆并没多大的反应。孙某又把饭盒的盖子摔在了地上。然后又气呼呼地说："你会生气，我也会，大家一起摔好了。"老婆还是没有反应，只是在那儿默默地玩游戏。

"真是够失败的！"孙某气红了眼，搬起电脑"咣当"一下摔到地上……

任何人都有生气的时候，气憋在心里不是办法，一定要把气释放出来，怎么释放就很有学问了。其中最"惊心动魄"的则要数摔东西。生气的时候摔东西是一种宣泄方式，然而，发泄了之后就痛快了吗？如果回答是"是"，那么你在很大程度上是在欺骗自己。

没有人愿意生气，可我们还是会经常生气。生气不仅是对挫折、被侵犯以及对被不合理对待的反应，而且也会成为一种习惯。在盛怒中，我们会容易做出没有经过审慎判断的事。因此，生气时不少人把毁坏物品作为发泄的出口。

生气时毁坏物品，虽然气消了，但是自己毕竟有损失。一般人生过气后都会很后悔，为了避免悔不该当初摔东西，就要学会掌控自己的情绪，做情绪的主人。

有些人生活中常常是有生不完的气，工作上也是怨气冲天。

肖某在深圳一家公司工作多年，自认为没有功劳也有苦劳，几次要求加薪都被公司拒绝，不免心生怨恨，产生了辞职的想法。

有一天，他在公司加班，因生产出来的模具部分配件不合格，所以他将7块不合格的模具钢板放入炼火炉里回炉。

随后他去找公司老板商量辞职一事，不料被老板骂了一顿。肖某很生气，顿时萌发了报复公司的念头。

肖某回到模具部后，将公司配给他使用的电脑内存条、主板、显卡等砸坏，并带走电脑硬盘。

肖某离开公司时，想起炼火炉里还有七块模具钢板正在回炉，本想将它们拿出来以免烧坏，但又想到老板刚才对他的态度，结果肖某在明知道炼火炉里的模具钢板会被烧坏的情况下却置之不理，致使价值7万余元的7套模具钢板被烧坏。肖某带着硬盘回到住处，辗转几周，去一家新公司上班了。

一个多月后，肖某被警方逮捕。

我们生活在各种人际关系中，如朋友关系、亲子关系、夫妻关系、职场中的人际关系等等。其中最令人感到头痛的事，莫过于那些脾气暴躁，动不动就发火的人。你既然不喜欢与这样的人接触，又怎能让自己变成那样的人呢？

生气是一种宣泄方式，而人的情绪需要适当地宣泄。宣泄的过程中，对别人的伤害却是不可避免的。但是，再生气都应该恪守底线，不能不管不顾任由情绪失控。性情暴躁的人，常会头脑失控，做出让人震惊的事。

性情暴躁的人通常有几种表现：

（1）情绪不稳定。他们往往容易激动。别人的一点友好表示，他们就会将其视为知己；而话不投机，就会怒不可遏，老拳相向。

（2）多疑，不信任他人。暴躁的人往往很敏感，对别人无意识的动作，或轻微的失误，都看成是对他们极大的冒犯。

（3）自尊心脆弱，怕被否定，以愤怒作为保护自己的方式。有的人希望和别人交朋友，而别人让他失望，他就给人家强烈的羞辱，以挽回自己的自尊心。可是，同时他也就永远失去了和这个人亲近的机会。

（4）不安全感，怕失去。

（5）从小受娇惯，一贯任性，不受约束，随心所欲。

（6）以愤怒作为表达情感的方式。有的人从小受父母打骂，所以他也学会了将拳头作为表达情绪的唯一方式。甚至有时候，愤怒是表达爱的一种方式。

（7）将别处受到的挫折和不满情绪发泄在无辜的人身上。

性情暴躁的人常以极端的方式表现自己愤怒的情绪，是想要造成破坏，伤害别人，以达到惩罚别人的目的。

例如，父母会殴打小孩，让小孩感觉到身体的疼痛，以补偿大人心理的痛苦，他们同时也想要强迫小孩能对他们的权威和控制有立即而明显的反应，改变不当的行为。

　　但是，殴打小孩会造成孩子身体的痛苦和心理的怨恨，特别是如果父母只是为了发泄自己的生气和挫败感，而不是为了使小孩受教育时；随着小孩渐渐长大，父母可能必须改用其他方式教育他们的小孩了。正如一个海洋动物学家所说的，"我们不能让一只一万两千吨的杀人鲸躺在我们的膝上，殴打它，在它们做得不对时，我们只好改用其他方式训练它们。"

　　同样的，人们极端的宣泄行为通常只会增加双方的紧张压力和彼此的憎恨，把更大的反作用力加到自己身上。所以，我们不能走极端。即使你再生气，再仇恨，也要有自己的底线。

 情绪排毒　压制怒气的16种方法

　　压制愤怒的重点在于理清愤怒来源，有效表达它。下面的方法会帮助你做到这一点：

　　1.认清你想通过愤怒来达到什么目的

　　不要被愤怒蒙住了眼睛，看看愤怒背后的欲望是什么。如果你希望和别人交朋友，而他让你失望，你就扇人家耳光的话，那么你就永远失去了和他亲近的机会。相反，你可以说出自己真正的感觉："我很重视我们的友谊，但有些事情威胁到了我们的友谊，这让我很失望。让我们谈谈，一起来解决这个矛盾怎么样？"

　　2.不要把不满情绪发泄在无辜的人身上

　　有这样的可能，我之所以对他愤怒，是因为对他发火比较安全？不要把别人当替罪羊，这样没有任何作用，相反会让你的情绪失控，发完火以后你会后悔莫及。如果你成了别人愤怒的目标和牺牲品，问自己："我一定要接受这个人给我安排的位置吗？我一定要为这种事感到受伤吗？"其他人和你一样也会寻找替罪羊。你可以去做志愿者，但不要做"志愿羊"。即便别人选择了你，也可以避开。不要上钩，不要去打和你没关系、你也赢不到什么的战斗。

3.找出获得爱和快乐的方法

你的愤怒有些是来自于你的基本需要和欲望不能满足，你感到深深的受伤或无助，你想要生活中有更多的快乐和关爱。愤怒并不排除爱、感激等积极情感。你可以深爱某人，为他或她感到怒不可遏，但仍然继续爱着他（她）。实际上，愤怒的产生往往是由于爱得太深，我们常说："爱之深，责之切。"在上述情况下，你需要找出获得爱和快乐的方法，愤怒才会消失。发泄愤怒只会让你更受伤。

4.不要用愤怒来弥补你的自尊心

愤怒可能是你用来掩饰自己受伤的一种高傲的方式，是你的生存受到了威胁和自负受到了伤害时的一种自我保护。但是这种方式不能解决问题。为了面子而奋斗只会让你时常感到失落，失落又会让你感到愤怒。

5.自信

真正自信的人是不会为了别人小小的事情就认为伤了自己的自尊心的。很多时候愤怒来自于我们的不自信和不安全感。比如我们常常看到小说中某位小姐在大街上看到一个落魄书生，贫病交加，眼看就要死在街头。小姐十分同情他的遭遇，就想把他接回自己家中照顾。没想此书生不领情，十分愤怒，说自己宁可死也不愿受人恩惠。这其实就是书生脆弱的自尊心在作祟。

6.对自己的愤怒负责

不要给愤怒寻找假、大、空的理由，你需要的是解决问题，不是空洞的胜利。

7.关注愤怒

学会区分短期的愤怒和长期的怨恨。找个笔记本记下你在不同情境下对不同人的愤怒程度，并分清自己的愤怒共有多少种类。这会帮助你决定在什么时候、什么情况下表达愤怒，表达什么样的愤怒，如何表达愤怒。

8.真诚、负责地表达你的愤怒，不要用暴力的方式

暴力只会带来更多的愤怒、伤害和复仇，无论是口头的还是躯体的攻击都不会熄灭怒火。告诉别人是什么让你感到愤怒或受伤害，告诉他们你真正希望他们做的是什么。以不攻击的方式，将不满表达出来，与其说"你错了，你简直离谱"，不如说"我觉得受伤，你的所作所为没有考虑到我的需要"。

9.将愤怒暂时搁置

如：愤怒的时候从1数到10。愤怒的当时写一封信，可以是写给你发火的对象，也可以是写给报刊、杂志或领导。这封信写得越详细越好，把这封信放一天再读一遍，再考虑是否真的值得发火。

愤怒时先别去想这件事，过一段时间再想，替这些情绪找到出口。体育锻炼是一种很好的释放方式：慢跑、打球、在没人的地方大喊大叫等都可以。

10.不要压抑自己

不要假装你没有愤怒，不要通过否认愤怒来麻醉自己。压抑自己不会让你得到你想要的，只会让你感到迷惑、内疚和抑郁。生气是真实的情绪，但情绪和情绪表达则是两回事。当一个人一直压抑怒气时，迟早会如同水库溃堤。因此与其压抑，不如学习抒解。

11.对事不对人

说"这件事情真的让我很生气"是针对事件，说"你这混蛋，怎么做出这种事情"就是针对人了。

12.总结经验教训

愤怒之后，试着去了解是什么真正让你愤怒，并把你的想法告诉另一个人。一个中立的倾听者能帮你理清情绪、认清目标。

13.勇于认错

不要因为一时愤怒造成了不好的结果而指责自己。如果是你的错，就拿出你发泄愤怒时的勇气来，去道歉，求得别人的谅解。

14.站在"肇事者"的立场想

为他寻找合理的理由。告诉自己："那个找我麻烦的家伙搞不好遇上了什么烦恼，日子不好过。"

15.宽恕

借着宽恕，会让你深深觉得，爱才是人际关系的主宰。

16.吸取教训

愤怒是一次学习的机会。通过了解自己愤怒的来源，我们可以把愤怒的能量转化为建设的动力。在平时注意那些让你烦闷的情境，不要让环境影响了你的心情，使你愤怒起来。比如：排队时人潮拥挤，空气恶劣，再加上等候时间长的话，人就容易发怒。这时，乘机放松一下，做做白日梦打发时间，有助于你的心情平和。

第五章
悲观情绪：那些伤，为什么放不下

🫀 不要让悲观占据你的心灵

悲从中来，无可断绝。有些人总是带着悲伤的情绪面对每一天。这样的人对生活，对工作都缺乏兴趣和激情。一个悲观失望的人，会成天无精打采，心神恍惚，即使没有受到重大打击，也不能进入最佳生活状态。难得见悲观的人眉飞色舞的样子，更别指望他能带给别人欢乐。不失控的人生，要求你扫除悲观，春风满面地笑迎每一天。

人可以分为两种：乐观的人和悲观的人。乐观的人每天都会自信满满地面对每一天，悲观的人自己不相信自己。自己看不起自己的人，看不见前途和希望。

悲观的人往往会为自己的悲观寻找一个开脱的理由："我的运气不好""我没有一个好爸爸""我家住在黄土高坡"。久而久之，甚至对自己也产生了怀疑："我不太精明""我不够漂亮""我不够好""谁谁都比我强""我这辈子可惨了"。

人只要产生了以上这种悲观失望的情绪，那么他对生活、对工作就会缺乏兴趣和激情，而激情又是催人奋发向上的一种动力。一个人在社会上有没有作为，首先要看他有没有激情。

如果一个人悲观失望，成天无精打采，心神恍惚，虽然并没有受到重大打击，但就是不能进入状态。你难得看到他眉飞色舞的样子，更别指望他能感染旁人。他总是按部就班，很难出大错，也绝不会做到最好。这样的人，你能想象他冒风险，顶压力，克服种种困难，领导一个团队创业成功吗？

在这个世界上，两种不同的人造就了两种不同的态度。悲观的人，态度消极。乐观的人，态度积极。面对生活，悲观的人总是看到失望，甚至是绝望；相反，乐观的人却总是在失望中找到最后的一线希望。下面这个故事可以帮助你更加明晰悲观和乐观的意义。

一位父亲欲对孪生兄弟做"性格改造"。一天，他买了许多色泽鲜艳的玩具给一个孩子，又把另一个孩子送进了一间堆满马粪的车库里。

第二天清晨，父亲看到得到玩具的孩子正泣不成声，便问："为什么不玩那些新玩具呢？"

"玩了就会坏的。"孩子仍在哭泣。

父亲叹了口气，走进车库，却发现那个被关在车库里的孩子正兴高采烈地在马粪里掏东西。"告诉你，爸爸，"那孩子得意洋洋地向父亲宣称，"我想马粪堆里一定还藏着一匹小马呢！"

事实上，人所处的环境和自身的遭遇无所谓好坏，问题的关键在于你如何去想。悲观的人和乐观的人的差别恰恰在于对待事情的不同看法上。沙漠中长途跋涉的两个人，口渴难耐，每个人的背包里只剩半杯水。一个人为拥有半杯水而庆幸，而另一个人为自己只剩半杯水而抱怨，这就是乐观的人与悲观的人的区别。

一位心理学家曾经做过一个试验，他让一批学生打电话给陌生人，让他们为某赈灾机构捐款。当他们打了一两次电话而毫无结果的时候，悲观的学生说："我干不了这事。"乐观学生则说："我要换个法儿去试试。"这位心理学家认为：如果感到失望，那他就不会去掌握获得成功所必需的技能。

乐观者之所以成功是因为当事情一旦出差错时，他们总是尽力寻找出差错的原因，及时补救。在他们看来，成功应归功于自己的努力。而悲观者则是一味地抱怨、责备自己为什么会出差错，他们把自己的成功视为一种侥幸。悲观是成功道路上的有害细菌，它会不断地繁殖扩散，把人的心灵笼罩在阴影之下，使人失去进取的动力。而乐观则如同明朗天空中的阳光，给人以无穷无尽的斗志和勇气。

所以，做人就做乐观的人，不要让悲观占据你的心灵。

坦然面对挫折和逆境

人生几十年，总会遇到这样那样的挫折、逆境。从一生下来就顺风顺水几十年的人就如天外来客般稀罕。遇到些挫折、逆境是正常的，不需要怨天尤人，只要懂得面对就行了。面对那些成功的人，尤其是声名显赫的，一股崇敬羡慕之意就会油然而起。特别是其年岁、背景、相貌和自己相仿时，就会有点儿妒忌了，他怎么就那么好运呢？可是，人家背后也有许多辛酸，人家也并非一帆风顺，人家也在逆境中挣扎过。过来人大都不顺利，不过因为他们勇于面对逆境，懂得面对逆境。

你可能会说，运气也很重要，所谓"谋事在人，成事在天"嘛。谋事者芸芸众生，成事者寥若星辰。但你有否想过，若你不谋的话，是压根儿没有"成"的。首先你要面对，你要鼓起勇气去面对。不论遇到什么挫折，身处怎样的逆境，你都不能放弃。你来到这世上，长大成人，原本就很不容易。母亲怀胎十月，经历了地裂天崩的临盆。父亲呕心沥血，承担了"朝思暮想"的教养。再就是周围的一大帮亲友，无不对你施予殷切的关怀。他们都在期待你的成就。其实，你完全不必用事业有成来报答。你只要有自立社会的骄傲，他们就有莫大的欣慰了。因为这一点，你变得完全没有权利去放弃。

或者，退一万步说，你从一生下来就很不顺利了，并没有前面说的那些"施予"，可那又怎样呢？只不过将处逆境的时间提前了而已，只不过将你的起点更放低些而已。到了今天，你已经能够独立思考，不正说明你已具备自立的能力了吗？尽管历经坎坷，历经曲折，但也正好说明你已经成长了，你的起点提高了。因此，不管未来怎样，你还有什么不能面对的呢？

面对，有时是需要很大的勇气的。尤其是当你遇到的是一般人不会有的逆境，并被别人难以想象的困难包围着的时候。有些人便在这样的境况中挺不住，寻了短见，或者消沉了，颓废了。旁人便只好无奈地惋惜。其实，消沉是懦弱。失去了面对的勇气，放弃了继续抗争的权利，放弃了多彩的人生，放弃了一切。一切都放弃了，你就再也不会有机会去获得，哪怕是一丁点儿的权利。自然也就无从谈论成功了。所以，当你遭遇挫折，面临困境时，你最需要的是面对的勇气。只要你敢于面对了，你就有了机会，捕捉常常是随之而来的成功机遇，追求多姿多彩的人生，品尝可以令你荣耀的新生活。

如果乐天一点，你不妨把遇到的厄运看做是一个机遇。这样的机遇在平常的日子，在顺境的时候是碰不到的。这么一"看做"，你不但有了勇气，可以轻松去面对厄运，而且平添了一份使命感，俨如"替天行道"了。因为常人不会有的经历，你大可以自信自己有一个常人不会有的美好将来。

人生本就多姿多彩，磨难不过是这其中的一些调色剂而已。如果你这么看了，你就会感谢上帝待你不薄。同样是过一辈子几十年，但你却比别人多了许多经历，尤其当这经历使你体会得更多，让你获得常人不会有的感受，甚至获得一种满足的时候。

勇于面对，然后是懂得面对，这并非容易之事。实际上，身处逆境需要懂得面对。而顺风顺水的时候，也要为争取领先或者保持领先而学会面对。总之，学会面对是极为重要的。因为重要，你可以将你的一生都看成是不停的各式各样的面对。事实上，你要穷尽你的智慧和胆识去面对。学会面对，不懈地面对，最终可把你带向你期望的成功。

生活中出现挫折，也就意味着出现了棘手的问题需要处理。

如何面对问题？如果不能坦然面对它、接受它，就不能谈到放下它、处理它。而事实上，事情出现后，首先要求我们的不是发牢骚，而是要能够改善它。需要的是行动，而不是抱怨。若不能改善，我们也要面对它、接受它，绝不能逃避。逃避责任，损失依然在那里，是不合算的，改善与处理糟糕的局面才是最聪明的。

经过计划的事物也不一定完全可靠，也会发生意料之外的情况，这时候就更应该接受它，然后想办法处理它。

　　所以，如果计划好的事在实施过程中出了问题，不必伤心也不必失望，应该继续努力，争取将损失减到最小，不要轻易放弃希望；如果经过详细的考虑，判断预先的结果不可能促成，那也只好放下它，这和未经努力就放弃是截然不同的。

　　这一切，都需要我们的冷静。我们要告诉自己：任何事物、现象的发生，都有原因。我们不需追究原因，也无暇追究原因，唯有面对它、改善它，才是最直接、最要紧的。遇到任何困难、艰辛、不平的情况，都不能逃避，因为逃避不能解决问题，只有用智慧把责任担负起来，才能真正从困扰的问题中获得解脱。

　　放下自己也放下别人，对事如此，对人也是如此。

　　放不下自己是没有智慧，放不下别人是没有慈悲。能作如此想，对一切人都会生起同情心与尊敬心。同情人家也是芸芸众生中的一个，尊敬人家也有独立的人格。

　　我们常常遇到一些好像正被困在火海中的人来向我们求救。通常我们会倾听他们的问题，知道他们在焦虑什么，但不会将他们的焦虑变成我们自己的梦魇。

　　对感情的问题，宜用理智来处理；对家族的问题，宜用伦理来处理；即使发生了不得了的大事，也应用时间来化解、淡化；如果真是无法避免的倒霉事，那只有面对它、接受它；能够面对它、接受它，就等于是在处理它，既然已经处理了，也就不必再为它担心，应该放下它了，不要老是想着："我怎么办？"睡觉时照样睡觉，吃饭时照样吃饭，该怎么生活就怎样生活。

　　如果你能做到这些，那就接近禅理了。平常生活中，禅如何教人安心呢？禅的态度就是：知道事实，面对事实，处理事实，然后就把它放下。无论遭遇任何状况，都不会认为它是一件不得了的事，如果已经知道可能会发生什么不如意的事，能让它不发生是最好的；如果它一定要发生，担心又有什么用？担心、忧虑不仅帮不了忙，可能还会令情况变得更严重，唯有面对它才是最好的办法。

💙 事情没有你想象的那么糟糕

我们生活中遇到的每个问题都会在某个时间，由某个人，用某种方法给予解答。

在这个科技不断发展、竞争白热化的时代，我们每个人随时都将面临被淘汰的结果。经济危机、就业危机使我们中的一部分人陷入了无限的焦虑，甚至是恐惧，这种情绪对我们心理施加了压力，进而导致了我们悲观绝望的心态。我们应当努力克服它，学会在黑暗中寻找光明。

生活中失败和挫折是难免的，问题的关键是当挫折和失败来临时，我们应该仔细地分析它，进而得到解决问题的方法。千万不要放大挫折，它未必是我们想象的那么糟，更不要把失败归结于命运，认为所有的挫折都是冥冥之中注定的。这样的话，在困难面前，我们会失去主动权而变得被动。

分享一个化阻力为动力的故事：

在美国的一个小镇，有一位在市场上卖香蕉的小贩，由于他人缘特别好，再加上他所卖的香蕉品质上乘，所以生意一直非常好。有一天，在市场的一个角落突然冒出了火苗，并四处燃烧起来，还好，消防车来得快，很快地把火扑灭了，所以火苗并没有烧到这位卖香蕉小贩的摊位。但是由于温度过高，隔了没多久那些香蕉的表皮上全都长满了一些黑色的小斑点，虽然肉质并没有变坏，但是看起来总是不雅，谁还会买来吃呢？

小贩眼看着就要亏本，心中十分懊恼，问题既然发生了，总是要解决的，他相信一定会有办法，所以就趁市场重新整修之际，他换了个地方继续卖香蕉，而原来那批有黑点的香蕉他想了一个法子来促销，结果竟然还销售一空了。

原来当他一筹莫展望着香蕉的时候，突然灵感闪现，他想香蕉上长满了黑色小斑点，远远看去就好像芝麻撒在香蕉上一样，既然如此，为什么不给它取个"芝麻蕉"的新名称，结果引起了大家的好奇，大家相信这种香蕉一定更香更甜，味更美，所以争相购买，成了畅销品。

通过这个故事，不知你是否悟出了这样一个道理：当我们在困境中如果能保持乐观的想法，那么，我们终究会获得解决问题的方法。如果我们只盯着当时不好的局面，让困惑笼罩，我们的问题不但不会得到解决，反而会更加恶化。当我们为没有鞋穿而苦恼时，有人已失去了脚，当我们为没有脚而痛苦时，也许有人连生命都失去了。

切记：凡事往好处想。

常在商店中见到一尊佛像，但这尊佛像与其他的佛像大异其趣。他光着大肚皮坐卧于地，咧嘴露牙地捧腹大笑，看起来特别具有亲和力及喜悦感。他便是"大肚能容，了却人间多少事；满腔欢喜，笑开天下古今愁"的弥勒佛。

弥勒佛之所以令人敬服，就在于他的"豁达大度"。一件事有许多角度，如有好的一面，亦有坏的一面；有乐观的一面，亦有悲观的一面。就好比一个碗缺了个角，乍看之下，好似不能再用；若肯转个角度来看，你将发现，那个碗的其他地方都是好的，还是可以用的。若凡事皆能往好的、乐观的方向看，必将会希望无穷；反之，一味地往坏的、悲观的方向看，定觉兴致索然。

孩子只有3岁，晚餐时，每每执着汤匙要"自己来"，但次次皆被母亲夺走，而母亲通常的回答是："你还不会。"后来，孩子竟改口道："你帮我。"由此可见，孩子的热情被一而再、再而三地浇灭后，便容易产生依赖性。久而久之，将变成一个怕做错事而受嘲骂、缺乏自信的人，等到将来长大，自然会畏畏缩缩，没有勇气尝试突破困境。

凡事往好的方面想，自然会心胸宽大，也较能容纳别人的意见。宽大的心胸，不但可以使人由别的角度去看事情，更能使自己过着自得其乐的日子。有一回，释尊的一位大弟子被一位婆罗门侮辱，但他对于婆罗门的辱骂只是充耳不闻，未予理会。因为他知道，一个会以辱骂别人来凸显自己的人，在个人的修养和品行上都有问题。婆罗门见到他无端被自己辱骂，不但没有生气，且微笑地答辩，真不愧是圣者，终于自知理亏怨怨地离开了。这便是豁达，即佛家所谓的圆融。

我们应该效法弥勒佛笑口常开的个性，并学习他用积极开朗的态度去解决一切问题。在这充满争斗的繁华世界之中，唯有以最自然无争的态度，并处处流露服务他人的意念，才能散发人性至真、至善、至美的光明面。

西谚有云："当你笑时，全世界都跟着你笑，当你哭泣时，只有你一人哭泣。"日谚有云:"笑门福来。"如果你想要福气的话,在每天出门时就多练习笑容吧!

♡ 失败难免,坦然面对

每个人都可以化失败为胜利。

当你孤独的时候,当你苦闷的时候,当你消沉的时候,你可以读一读《约翰•克利斯朵夫》。它让你感受朋友的温情,使你不再孤独;它让你领受创造的快乐,使你不再苦闷;它让你拥有奋斗的力量,使你不再消沉。

《约翰•克利斯朵夫》告诉我们:世界永远是充满希望和阳光般的温暖,只要我们去寻找。当约翰•利斯朵夫怀着自由的希望来到法国的时候,他首先看到的是法国巴黎社会的颓废。但他却不相信法国就是这样,巴黎就是这样。他没有失去探索的心,而是带着一颗永远充满希望的心去揭开法国的神秘面纱。他要找到在这朦胧的面纱下发光的生命。

人生旅途中,谁都有苦闷的心情,谁都有不幸的时候。你不免会问:我该做怎样的人?我活着是为了什么?我怎样才能获得快乐?约翰•克利斯朵夫是一个追求真实的人,他痛恨一切的做作、自欺欺人和自我标榜。他从来没想过要为了什么而屈服,不顾自己的真实想法。他这样真实地活着,也真实地看着这个世界。他的音乐就是要给痛苦彷徨的人以安慰。他用音乐表现自己,用音乐去爱别人。真实地奋斗与生活,坚定地奉献爱与真诚,他"无挂无碍而清明宁静"。有了这个基础，就有了快乐的基础。他说，生命的快乐在于创造。"难道你们一无所见，一无所闻，一无所感，一无所悟吗？"这是克利斯朵夫对自认为会欣赏音乐的人的愤怒，也是对那些麻醉而不知领会快乐的人的愤怒。

你我都不愿拥有苦闷，想要有一个快乐的人生，那首先你得做一个真的勇士，永远"能够用一颗天真的心去体验宇宙间生生不息的现象"。这样你就有了快乐的基础。然后，你为了爱那些可爱的人活着，爱那些善良的人活着，爱那些可怜的人活着，你就有了快乐的源源不断的泉流。最后你得去创造，而创造需要奋斗。奋斗，去创造生命的奇迹；奋斗，去创造生命的美丽。在创造的时候，快乐的天使如约而至。

你奋斗，你追求，但你我都知道失败难免。谁都有消沉的时候，但你要不断去寻找。我们从克利斯朵夫身上找到了一种永不屈服的动力。"失败可以锻炼一切优秀的人物；它挑出一批心灵，把纯洁的和强壮的放在一起，使它们变得更纯洁更强壮；但它让其余的心灵加速它们的堕落，或是斩断它们飞跃的力量。一蹶不振的大舟在这儿跟继续前进的优秀分子分开。"

当灾难无缘无故地降临，我们得勇敢地说："我们得祝福灾难！我们决不会背弃它，我们是灾难之子。"

在每个人的内心，失败的种子永远存在着，除非你介入其间将它砸毁。一个人体验到空虚之后，空虚就会成为避免努力、避免工作、避免责任的方法，也因此成为随波逐流生活的理由和借口。

保持积极的心态

著名的管理学家彼得·德鲁克曾指出："未来的历史学家会说，这个世纪最重要的事情不是技术或网络的革新，而是人类生存状况的重大改变。在这个世纪里，人将拥有更多的选择，他们必须积极地管理自己。"所以，今天大多数优秀的企业对人才的期望是：积极主动、充满热情、灵活自信。

保持一颗积极乐观、充满热情的心有时候能扭转乾坤，让生命出现转折的奇迹。一个人如果有高度的热情，积极的心态，必胜的信念，那么还有什么是他办不到的呢？世界只会为那些积极的、乐观的人敞开绿灯，使他们地事业有更快的加速度。所以说成功者的必备便是一种积极的心态，他乐观地面对人生，所以成功与他的距离便比别人稍短一点。对于大部分人而言，他们在平时确实是乐观的，上进的，但是唯一不足的是：关键时刻掉链子。每当关键的环节时，他们便失去了往日的自信、热情和积极，于是大部分人总是与成功擦肩而过，他们真的与成功很近了，但是总是有那么一点点距离。

积极的心态要保持在每一个时刻，坚持住你就能成功。你或许不信，难道心态这个东西真的如所说的这般神奇吗？从下面这个小故事，你便可以形象地看到积极的人生态度和消极的人生态度到底有什么区别。

农业自动化机械厂生产出了一种新的农场机器，为了扩大市场，他们先后分别派出了两名员工去一个农场推销新设备。最先去的这名员工工作态度认真，也很勤劳，唯独心态不好，总是悲观地看待自己的工作和人生。当他来到这家农场后，看到这里的农民都是靠人工在田里种植和收割，于是非常失望。他想，这里的农民是不会买我的设备的，他们都靠自己的人力来完成，看来我又是白来一趟了，真倒霉。于是他一句话都没有说出来，就扫兴而归，写了一份推销失败的报告交上去了。上级一看，非常奇怪，心想，如此先进而又省时的机器，竟然没有推销出一台，不可能吧？于是他重新派遣了一名员工再次去那个农场去推销，这位员工是公司的金牌推销员，积极而又上进，一流的口才，几乎没有什么能够难得住他。当他来到农场一看，立刻展颜而笑：太好了，简直是太顺利的推销过程了。这家农场居然都是人力做工，这下不但可以推销出这种新设备，就连其他一些设备也可以展现给他们使用。于是他把农场所有的农民都聚集起来，满面红光的说："大家好，带给大家一个好消息，你们终于可以不这么辛苦劳作了，安装上这种设备，在同样的时间内，你们仅仅花费以前1/10的力气，但是绝对能够收获10倍的成果！"很快大家被他的情绪调动起来，纷纷尝试这种新设备的神奇效力，结果这批新设备在这个农场打开了非常好的销路。

　　两种不同的心态，却导致了截然不同的结果。在同样一个农场中，同样的一批客户，同样的一种产品，仅仅由于心态的差异，却导致了一个不战而败，一个大获全胜。生活中的很多事情就是这个例子的翻版。很多失败的原因或许与客观条件无关，而仅仅是主观心态有问题。消极的心态多半导致不战而败，没有开始就已经宣告了失败的结局。"我能行"已经成为越来越多成功人士的口头禅，这不仅仅是一种自信，更是一种积极心态的表现。一个积极的人，总能看到充满希望的未来，总能看到美好的事情，总有更大的动力驱使自己前进。请保持一颗积极的心吧，这或许正是你寻找许久的根源。

❤ 心中有阳光，每天都晴朗

　　一位伟大的音乐家说，没有什么东西比演奏一件失调的乐器，或是与那些没有好声调的人一起演唱，更能迅速地破坏听觉的敏感性，更能迅速地降低一个人的乐感和音乐水准的了。一旦这样做以后，他就不会潜心地去区分音调的各种细微差异了，他就会很快地去模仿和附和乐器发出的声音。这样，他的耳朵就会失灵。要不了多久，这位歌手就会形成唱歌走调的习惯。

　　在人生这支大交响乐中，你使用的是哪种乐器，无论它是小提琴、钢琴，还是你在文学、法律、医学或任何其他职业中表现的思想、才能，这些都无关紧要，但是，在没有使这些"乐器"定调的情况下，你不能在你的听众——世人面前开始演奏你的人生交响乐。

　　心灵的自由与和谐相当重要，心理失调对一个人的生活质量来说是致命的。那些极具毁灭性的情感，比如担忧、焦虑、仇恨、嫉妒、愤怒、贪婪、自私等，都是生活的致命敌人。一个人受到这些情感的困扰时，他就不可能将他的生活处理好，这就好像具有精密机械装置的一块手表，如果其轴承发生故障就走不准一样。而要使这块表走得很准，那就必须精心地调整它。人体这架机器要比最精密的手表精密得多。在开始一天的生活之前，人也需要调整，也需要保持心灵非常和谐的状态。

　　人类对自然的征服可以说是登峰造极，然而我们的内心却陷入了一种从来没有过的惶恐之中。因为现代人已经很难找到哪怕是片刻的宁静和从容，而且，伴随着人们对物质的欲望日益膨胀，人类社会也出现了看上去无法解决的一些问题。这就更加剧了人们的惶恐和不安，人们在努力寻找，企图找到答案。

但是，对于生活，不同的人有着不同的要求和理解。同样的境遇，有些人觉得是天堂，有些人觉得是地狱。

一个农夫躺在麦草垛里呼呼大睡，一个读书人见了，可能会觉得那个农夫非常不幸，家里没有地方躺，只好在这里凑合一下。

但是，那个农夫却未必这样看，他可能会觉得，自己在这里呼呼大睡，说明自己无忧无虑，这不是天堂是什么？

而这个读书人呢，有好衣服穿，有好茶饭吃，还有圣贤的书可读，照农夫对生活的标准，应该是非常幸福的了。可是，那个书生却不这样看，因为他觉得有红袖添香才好读书，那才是真正的幸福生活。

对于生活以及幸福，人们从来都有着不同的衡量标准。应该说，人们对于美好生活的追求是无止境的，甚至人对物质的追求也是无止境的，但是这些东西最终带给我们的是患得患失的忧虑、压力和令人疲惫不堪的混乱情绪。所以说，人们追求复杂的生活，其实是得不偿失的，因为外界的诱惑和对物质的追求，使我们失去了内心世界的平静。

与我们内心的东西以及需要相比，外界的一切都是微不足道的，甚至是完全可以忽略不计的。因为我们对于生活的感受其实比生活本身更重要。

很多人都在紧张地忙碌着，却不知道自己是为什么而忙碌。或许，我们是担心在竞争的压力下我们失去了内心的安全感。于是，就产生了无事可做的恐惧感，所以，人们才急急忙忙地找事情做。

一些微不足道的小事能使一个思想状况不佳的人烦恼不已，但是根本无法影响一个心灵阳光的人。即使是出了大事，即使是恐慌、危机、失败、火灾、失去财物或朋友，以及各种各样的灾难，都不可能使他的心理失去平衡，因为他找到了自己生命的支点——心灵自由与和谐的支点，因此他不再在希望和绝望之间徘徊。

换一种活法，改变一下自己，我们也许就会找到生活幸福和快乐的秘诀。

♡ 将目光停放在生活的美好处

要想赢得人生，就不能总把目光停留在那些消极的事情上。那只会使你沮丧、自卑，徒增烦恼，还会影响你的身心健康。结果，你的人生就可能被失败的阴影遮蔽它本该有的光辉。悲观失望的人在挫折面前，会陷入不能自拔的困境。乐观向上的人即使在绝境中，也能看到一线生机，并为此释然。

尤利乌斯是一个画家，而且是一个很不错的画家。他画快乐的世界，因为他自己就是一个快乐的人。不过没人买他的画，因此他十分烦恼，好在这种坏情绪一会儿就过去了。

他的朋友们劝他："玩玩足球彩票吧！只花两欧元便可赢很多钱！"

于是尤利乌斯花两欧元买了一张彩票，并真的中奖了！他中了50万欧元。

他的朋友都对他说："你瞧！你多走运啊！现在你还经常画画吗？"

"我现在就只画支票上的数字！"尤利乌斯笑道。

尤利乌斯买了一幢别墅并对它进行了一番装饰。他很有品味，买了许多精美的家居用品：阿富汗地毯、维也纳柜橱、佛罗伦萨小桌、迈森瓷器，还有古老的威尼斯吊灯。

尤利乌斯很满足地坐下来，他点燃一支香烟静静地享受他的幸福。突然他感到好孤单，便想去看看朋友。他把点燃的香烟往地上一扔，在原来那个石头做的画室里他经常这样做，然后就出去了。

燃烧着的香烟躺在地上，躺在华丽的阿富汗地毯上……一个小时以后，别墅变成一片火海。

朋友们很快就知道了这个消息，他们都来安慰尤利乌斯。

"尤利乌斯，真是不幸呀！"大家众口一词。

"怎么不幸了？"他若无其事地问。

"损失呀！尤利乌斯，你现在什么都没有了。"

"什么呀？不过是损失了两欧元。"

朋友们为了失去的别墅而惋惜，可尤利乌斯却并不在意。正如他所说的，不过是损失了两欧元，怎么能够影响他正常的生活，让他陷入悲伤之中呢？由此可见，事情本身并不重要，重要的是面对事情的态度。只要有一双能够发现美好事物的眼睛，有一颗保持乐观的心，那么即使是再悲惨的事情，也不会让我们悲伤。

我们都有这样的感受：快乐开心的人在我们的记忆里会留存很长时间，因为我们更愿意留下快乐的而不是悲伤的记忆。每当我们回想起那些勇敢且愉快的人们时，我们总能感受到一种柔和的亲切感。

19世纪英国较有影响的诗人胡德曾说过："即使到了我生命的最后一天，我也要像太阳一样，总是面对着事物光明的一面。"到处都有明媚宜人的阳光，勇敢的人一路纵情歌唱。即使在乌云的笼罩之下，他也会充满对美好未来的期待，跳动的心灵一刻都不曾沮丧悲观；不管他从事什么行业，他都会觉得工作很重要、很体面；即使他穿的衣服褴褛不堪，也无碍于他的尊严；他不仅自己感到快乐，也给别人带来快乐。

千万不要让自己心情消沉，一旦发现有这种倾向就要马上避免。我们应该养成乐观的个性，面对所有的打击我们都要坚韧地承受，面对生活的阴影我们也要勇敢地克服。要知道，任何事物总有光明的一面，我们应该去发现光明、美好的一面。垂头丧气和心情沮丧是非常危险的，这种情绪会减少我们生活的乐趣，甚至会毁灭我们的生活。

经常做出正面的心理暗示

哈佛大学的罗森塔尔博士在加州一所学校做了一个著名的实验。

新学期开学伊始，校长对两位教师说："根据过去三四年来的教学表现，你们是本校最好的两位教师。为了奖励你们，今年学校特地挑选了一些聪明的学生给你们教。记住，这些学生的智商比同龄的孩子高许多。"校长再三叮咛，要像平常一样教他们，不要让孩子或家长知道他们是被特意挑选出来的。

这两位教师非常高兴，更加努力教学了。

一年后，这两个班级的学生成绩是全校中最优秀的。知道结果后，校长如实地告诉这两位教师真相：你们所教的这些学生的智商并不比其他的学生高。这两位教师哪里会料到事情是这样的，只得庆幸是自己教得好了。

　　随后，校长又告诉他们另一个真相：他们两个也不是本校最好的教师，而是在教师中随机抽出来的。

　　这两位教师相信自己是全校最好的老师，相信他们所教的学生是全校最好的学生。这种积极的心理暗示，才使教师和学生都产生了一种努力改变自我、完善自我的进步动力。这种企盼将美好的愿望变成现实，这就是心理暗示的作用。

　　心理暗示是我们日常生活中最常见的心理现象，它是人或环境以非常自然的方式向个体发出信息，个体无意中接受这种信息，从而做出相应的反应的一种心理现象。暗示有着不可抗拒和不可思议的巨大力量。

　　成功心理、积极心态的核心就是自信主动意识，或者称做积极的自我意识，而自信意识的来源和成果就是经常在心理上进行积极的自我暗示。

　　心理暗示这个法宝有积极的一面和消极的一面，不同的心理暗示必然会有不同的选择与行为，而不同的选择与行为必然会有不同的结果。有人曾说："一切的成就，一切的财富，都始于一个意念。"你习惯于在心理上进行什么样的自我暗示，就是你贫与富、成与败的根本原因。两种截然不同的心理上的自我暗示，关键就在于你选择哪一面，经常使用哪一面了。

　　每个人都应该给自己以积极的心理暗示。任何时候，都别忘记对自己说一声："我天生就是奇迹。"本着上天赐予我们的最伟大的馈赠，积极暗示自己，你便开始了成功的旅程。拿破仑•希尔给我们提供了一个自我暗示公式，他提醒渴望成功的人们，要不断地对自己说："在每一天，在我的生命里面，我都有进步。"暗示是在无对抗的情况下，通过议论、行动、表情、服饰或环境气氛，对人的心理和行为产生影响，使其接受有暗示作用的观点、意见或按暗示的方向去行动。

情商之父戈尔曼曾提出达到自我暗示的六个条件，分别是：

（1）经常输入伟人的事情。把自己推崇的伟人的资料输入自己的大脑，经常用他们奋斗的精神来激励自己。

（2）相信语言的力量。经常用一些诸如"我能行"，"我一定能渡过难关"之类的话语来激励自己，增加自信。

（3）了解重复的重要性。连续不断地重复，不但内心深处能相信可能性，也会让自己排除压力，充满自信。

（4）保持强烈的欲望。若有很强的欲望，则会为了要实现的目标而付诸行动，纵使有障碍物，也绝不改变目标。

（5）决定终点线。量化目标，让自己经常品尝成功的喜悦，能有效增强自信。

（6）设定预想的困难。事先把困难考虑到，当真的障碍物横亘面前时，便不会气馁、灰心，即使受到挫折，因为事先有心理准备，也不会轻易放弃。

积极的自我暗示，能让我们开始用一些更积极的思想和概念来替代我们过去陈旧的、否定性的思维模式，这是一种强有力的技巧，一种能在短时间内改变我们对生活的态度和期望的技巧。

情绪排毒　培养乐观情绪的7个方法

对于一个坚定的成功者而言，乐观向上的心境是走向成功的必要条件之一。

为了远离悲观情绪，培养乐观情绪，不妨遵循以下方法。

1.列一张"乐观、悲观对照表"法

在医生的指导下列一张"乐观、悲观对照表"：

在一张大白纸上画一条竖线，分成左右两栏，左边写上乐观，右边写上悲观，然后把它贴在床头。每天睡觉之前，把心中乐观和悲观感觉如实地写在表的左右两栏，全部写完以后，把悲观的部分用黑笔一个个地划掉，同时把悲观的感觉从心里赶出去，然后看着乐观的部分，出声念一次，这样心中就会和这张表一样，充满乐观的感觉。

有时虽然会发现悲观的因素占多数，但也无妨，只要你有勇气把它划掉，你就能够战胜它，同时还能增加你的自信。掌握了诀窍，不写在纸上也可以，在脑中、在心里也有效。

2.不要做一个受制于自我的困兽，冲出自制的樊笼

你只要抱着乐观主义，必定是实事求是的现实主义者。这样，乐观主义和现实主义这两种原则便成为解决生活与工作问题的孪生兄弟。

3.多了解他人的痛苦与不幸是十分有益的

情绪低落时，你不妨去访问孤儿院、养老院、医院，看看世界上除了自己的痛苦之外，还有多少不幸的人。如果情绪仍不能平静，你不妨积极地去和这些人接触，深入他们的生活，和他们同喜同忧。当然，和孩子们一起散步或者做游戏也是一个调整自己情绪的好办法。

努力把不好的情绪，转移到帮助别人身上，并重建自己的信心。

通常只要改变一下环境，就能改变自己的心态和情绪。

4.改变你的习惯用语

不要说"我累坏了"，而要说"忙了一天，现在真轻松"。

不要说"你们怎么不自己想想办法"，而要说"我知道我能怎么办"。

不要总是在集体或组织中抱怨不休，而要试着去赞扬每一个人。

不要说"为什么偏偏找上我，上帝啊"，而要说"上帝，考验我吧"。

不要说"这个世界简直就是乱七八糟"，而要说"我得先把自己家里收拾好"。

5.珍视你自己的生命

碰到不幸或是痛苦的时候，千万不要说："只要吞下一口毒药，就可获得解脱。"

你不妨这样去想：上帝会协助我渡过难关的。

由于头脑在指挥身体的行动，因此你不妨去进行一些积极的、乐观的思考。

6.从事有益的娱乐和教育活动

你不妨看看那些介绍自然美景、家庭健康及文化活动的媒体。

观看电视节目或电影时，要根据它们的质量与价值来决定取舍，而不是仅仅关注其商业价值或是某种突起的轰动效应。

7.尽量表现你身体的健康

在幻想、思考或是谈话中，你应尽量表现出你的健康情况很好。

你应该每天都对自己做积极的自言自语，不要老是想着一些小毛病，像伤风、头痛、刀伤、擦伤、抽筋、扭伤以及一些小外伤等。如果你对这些小毛病太过注意了，它们将会成为你最好的朋友，经常来"问候"你。

你脑中想些什么，你的身体就会将其表现出来。

第六章
焦虑情绪：心若淡定，便是优雅

♡ 焦虑引起的身心变化

焦虑情绪是由焦虑心理引起的，它始于对某种事物的热烈期盼，形成于担心失去这些期待、希望。焦虑情绪不只停留于内心活动，如烦躁、压抑、愁苦，还常外显为行为方式。焦虑者常不能集中精神于工作，坐立不安、失眠或梦中惊醒等。短时期的焦虑，对身心、生活、工作无甚妨碍；长时间的焦虑，能使人面容憔悴，体重下降，甚至诱发疾病，给身心健康带来影响。因此，不失控的人生就要有效控制焦虑。

在你面临一次重要的考试以前，在你第一次和某一位重要人物会面之前，在你的老板大发脾气的时候，在你知道孩子得了某种疾病的时候，你可能都会感到焦虑不安。这样的感受可能我们都曾有过。

成功学大师卡耐基在他的书中提到一个石油商人的故事，这个人自诉了一段自己的经历：

我是石油公司的老板，有些运货员偷偷地扣下了给客户的油量而卖给了他人，而我却毫不知情。有一天，来自政府的一个稽查员来找我，告诉他掌握了我的员工贩卖不法石油的证据，要检举我们。但是，如果我们贿赂他，给他一点钱，他就会放我们一马。我非常不高兴他的行为及态度。一方面我觉得这是那些盗卖石油的员工的问题，与我无关；但另一方面，法律又有规定"公司应该为员工行为负责"。另外，万一案子上了法庭，就会有媒体来炒作此新闻，名声传出去会毁了我们的生意。我焦虑极了，开始生病，三天三夜无法入睡，我到底应该怎么做才好呢？是给那个人钱还是不理他，随便他怎么做？

我决定不了，每天担心，于是，我问自己：如果不付钱的话，最坏的后果是什么呢？答案是：我的公司会垮，事业会被毁了，但是我不会被关起来。然后呢？我也许要找个工作，其实也不坏。有些公司可能乐意雇用我，因为我很懂石油。至此，很有意思的是，我的焦虑开始减轻，然后，我可以开始思想了，我也开始想解决的办法：除了上告或给他金钱之外，有没有其他的路？找律师呀，他可能有更好的点子。

第二天，我就去见了律师。当天晚上我睡了个好觉。隔了几天，我的律师叫我去见地方检察官，并将整个情况告诉他。意外的事情发生了，当我讲完后，那个检察官说，我知道这件事，那个自称政府稽查员的人是一个通缉犯。我心中的大石落了下来。这次经验使我永难忘怀。至此，每当我开始焦虑担心的时候，我就用此经验来帮助自己跳出焦虑。

焦虑并不是坏事，适当的焦虑，对个体的生存保持警觉性，激发人的积极性，对促进个人和社会的进步都有好处。焦虑往往能够促使你鼓起力量，去应付即将发生的危机。

但是如果你有太多的焦虑，以至于患上焦虑症，这种情绪就会起到相反的作用——它会妨碍你去应付、处理面前的危机，甚至妨碍你的日常生活。

焦虑过度不仅可以引起心理上的变化，也可引起生理上的一系列变化。

焦虑时，心烦意乱、坐立不安，搓手顿足、心绪不宁，甚至有灾难临头之感。工作学习时不能集中注意力、杂念万千，做事犹豫不决。焦虑会影响睡眠，引起失眠、多梦或恶梦频繁。白天头昏脑胀，感觉过敏，怕噪音、强光及冷热，容易激动，常会有不理智的激情发作。

生理方面，出现唇焦舌燥、口渴、多汗、心悸、血压升高及发热感，同时大小便次数增多。严重时，有三种焦虑发作形式：

1. 濒死感。发作时胸闷，气不够用，心中难受，有快断气之恐惧，有人会在急诊室大呼："医生护士，快拿氧气来！"但决不会因此死人。

2. 惊恐发作。莫名其妙地出现恐惧感，如怕黑暗、怕带毛的动物、怕锋利的刀剪、怕床下有小偷……甚至素来胆大的人也会有恐惧，但指不出害怕的对象。

3. 精神崩溃感。此时心乱如麻，六神无主，有精神失控感，担心自己会"疯"而恐惧焦虑，但这决不会是精神病发作。

以上三种发作形式均短暂，只历时数小时，焦虑缓解后，一切如常、风平浪静。

如果一个人长期处于焦虑状态可以引起诸多疾病，如焦虑性神经官能症，高血压、糖尿病、神经性皮炎等心身疾病。急性焦虑发作时，往往易引起脑血管破裂或心肌梗塞而死亡，故应对焦虑及时处理治疗。

如果你得了焦虑症，你可能在大多数时候、没有什么明确的原因就会感到焦虑；你会觉得你的焦虑是如此妨碍你的生活，事实上你什么都干不了。因此，我们一定要警惕焦虑的到来。

💗 甩掉应激反应综合征的纠缠

一位正值壮年的人，跳槽到某公司担任部门主管。到了新公司后，他深感压力之大和竞争之激烈，只要稍有不慎，就有遭到淘汰的危险，他不得不承受快速的工作和生活节奏。另外，由于工作环境的改变，他对自己的期望值也高了起来。但最近他的身体也越来越差，经常失眠，做噩梦，记忆力开始下降，心情变得烦躁不安，动辄发火，有时甚至什么事也不想做，似乎已经心力交瘁。

这是应激反应综合征的典型表现。

应激反应综合征是伴随着现代社会发展而出现的。这种病不仅与现代社会的快节奏有关，更与长期反复出现的心理紧张有关，如因怕遭解聘、怕被淘汰、怕不受重视而不得不承受来自工作、生活的压力和心理负担等，再加上家庭纠葛和自我期望过高。至于失眠、疲劳、情绪激动、焦躁不安、爱发脾气、多疑、孤独、对外界事物兴趣减退、对工作产生烦躁感等，则是应激反应综合征的先兆。

常常有这样的说法："应激能致命。"在工作、家庭以及自身问题上，应激会使人精疲力竭，走头无路。应激可能造成恶性循环。人处于应激状态，不思饮食，会引起营养不良，从而抗感染力下降，不愿向他人诉说，进而不与他人交往，从而引发抑郁；应激长期积累会导致怒火爆发，从而造成工作、家庭关系的紧张，这种感情上的紧张会给人带来精神上的痛苦，痛苦又会导致酒精和药物的滥用，最终导致灾难性的后果。

当然，适度的焦虑是考试前的复习和保证安全驾车所必要的。如果我们能够控制应激，任何应激性情况都可视为一种能产生有益结果的挑战。对于同样的应激源，相同的生活事件，不同的人可能会有不同的反应，这取决于：

（1）认知评价不同。对于同样生活事件的不同认识、理解、评价，从而引起不同的心理生理变化。

（2）社会支持不同。当人受到压力、处于困境之中时，如果家庭、朋友、同学、同事、组织会热心帮助他，给予精神与物质上的支持，那么，他便能很快摆脱困境。

（3）个性素质差异。人格发展不健全，对付应激的能力也差，受遗传因素的影响，较弱的生理器官更易发生应激反应性疾病。

那么如何对付生活应激呢？

做现实性的选择。世界上的有些事虽可认识却无法改变，客观地面对现实，相机行事。

了解自己的优势和不足。明确承认自己的力量有限，不必一个人去"包打天下"，懂得何时去求助他人。

向亲友倾述内心的忧伤。跟亲友诉说你的怒气，通过体力活动来消散你的怒气，或者干脆独自关在屋里大喊大叫，都是可选用的变通办法。

学会调息。保持放松、减轻应激最简单的办法是：找一个安静的地方坐下来，闭上双眼，做个深呼吸，从头部到脚尖依次循序，全身肌肉放松伴有徐徐呼吸，时间为10~20分钟。

现代社会竞争激烈，生活节奏日益加快，需要我们全力以赴面对各种各样的挑战和问题。从积极的一面看，应激能提高人们的活力。没有它，人们会感到没有一点动力。

走出职业焦虑的陷阱

现如今，人们的工作压力不断增大，抵抗力却不断下降；害怕失业；担心找不到工作……焦虑症作为一种现代职业病，已经引起了社会的广泛关注。

威廉是一家公司的销售部经理，工作十分繁忙。"早上一睁眼我就惶恐不安，永远做不完的事情，响个没完的电话；晚上回到家疲惫不堪，但上床后却难以入睡。我感觉如同在地狱中一般！"像威廉这样的人很多，他们有很强的责任心，希望把事情全部做完做好。但现实情况是：你没有时间什么都做。于是，无边的焦虑倾轧过来。

焦虑是一种普遍的心理障碍，在职场中发病率较高，而在知识女性中的发病率比男性要高。

流行病学研究表明职场中大约有4.1%~6.6%的人在他们的一生中会得焦虑症。

职业焦虑症的焦虑和担心一般会持续在6个月以上，其具体症状包括以下四类：身体紧张、自主神经系统反应性过强、对未来无名的担心、过分机警。这些症状可以单独出现，也可以一起出现。

身体紧张。职业焦虑症患者常常觉得自己不能放松下来，全身紧张。他们面部紧绷，眉头紧皱，表情紧张。

自主神经系统反应性过强。职业焦虑症患者的交感和副交感神经系统常常超负荷工作。患者出汗、晕眩、呼吸急促、心跳过快、身体发冷发热，手脚冰凉或发热、胃部难受、大小便过频、喉头有阻塞感等。

对未来无名的担心。职业焦虑症患者总是为未来担心。他们担心自己的亲人、自己的财产、自己的健康。

过分机警。职业焦虑症患者每时每刻都像一个放哨站岗的士兵，对周围环境的每个细微动静都充满警惕。由于他们无时无刻不处在警惕状态，影响了他们做其他的工作，甚至影响他们的睡眠。

对于职场人士来说，焦虑性神经症的治疗主要是以心理治疗为主，可以适当配合药物进行综合治疗。白领们不妨按以下几种方法进行自我治疗：

1.增加自信

自信是治愈神经性焦虑的必要前提。一些对自己没有自信心的人，对自己完成和应付事物的能力是怀疑的，容易夸大自己失败的可能性，从而忧虑、紧张和恐惧。

因此，作为一个职场神经性焦虑症患者，你必须增加自信，减少自卑感。应该相信自己每增加一份自信，焦虑程度就会降低一点。恢复自信，也就是最终驱逐焦虑。

2.自我松弛

自我松弛也就是从紧张情绪中解脱出来。比如：你在精神稍好的情况下，去想象种种可能的危险情景，让最弱的情景首先出现，并重复出现。你慢慢便会感觉到在任何危险情景，或整个过程中你都不再体验到焦虑。此时便算终止。

3.自我反省

有些神经性焦虑是由于患者对某些情绪体验或欲望进行压抑，压抑到无意识中去了，但它并没有消失，仍潜伏于无意识中，因此便产生了病症。发病时你只知道痛苦焦虑，而不知其因。因此在此种情况下，你必须进行自我反省，把潜意识中引起痛苦的事情诉说出来。必要时可以发泄，发泄后症状一般可消失。

4.自我催眠

职业焦虑者大多数有睡眠障碍，很难入睡或突然从梦中惊醒，此时你可以进行自我暗示催眠。如：可以数数促使自己入睡。

如果你已经意识到了自己有职业焦虑症，不妨找把舒适的椅子坐，将办公桌整理干净，别让乱糟糟的桌面影响你的情绪；下班后散散步，别把工作上的烦恼带回家。

♡ 走出知识焦虑的漩涡

近年来，许多22~35岁的拥有高学历的成年人常会突发一种奇怪的疾病：没有任何病理变化，也没有任何器质性病变，但突发性地出现恶心、呕吐、焦躁、神经疲惫等症状，女性还会并发停经、闭经和痛经等妇科疾病。发病间隔不一定，起病时间也不一定。有关专家认定，这是一种身心障碍，其未正式公布的名称是：知识焦虑综合症。

　　34岁的费清早已把博士学位揣入怀中，在别人眼中她是当之无愧的女强人。但在丈夫和小女儿的眼里，她却是个没有感情的"工作狂"。费清是一家咨询公司的投资顾问，在工作中她收到许多客户的咨询委托，有些是她不熟悉的领域，但为了扩大客户群，她就先把业务接下来，然后再恶补这方面的知识。几年的时间里，已经是博士的她还拿下了注册会计师、审计师、律师资格证，如今又在读工商管理硕士，也快毕业了。但她仍觉得自己的知识欠缺，很多东西还不懂，觉得还要再学点什么。

　　丈夫对她一肚子的埋怨，本来身为博士的丈夫也想在事业上有一番作为，但是为了爱情他把所有的家务都承担下来，但是现在妻子却把所有的温存都给了学习，让他很失望。最可怜的就是他们的小女儿，整天被放在寄宿幼儿园，周末回家也常常见不到到处奔波上课的妈妈。当丈夫、女儿想和费清一起看看电视时，她也只是看时事新闻、财经新闻，丈夫常说她越来越没有情趣了，他们的婚姻堡垒也不再坚不可摧。近来，费清的身体也不再像从前那样好，经常出现恶心、焦躁等症状。

　　很多人都在说："唉，生活充满压力！"甚至连小孩也开口说："读书上学真有压力！"

　　总有这样的现象：

　　孩子说："明天考试成绩公布，我今晚一定睡不好！"

　　妈妈说："看着孩子的功课一天比一天退步，我不知该怎么办才好！"

　　先生说："最近业绩不好，回到公司都感到战战兢兢！"

　　在信息爆炸时代，信息量呈几何倍数增长，人类的思维能力远没达到对其接受自如的阶段。求知欲使人类渴望把更多非我的东西转变成自我的东西，这符合人类进步的需要。但现代社会非我的知识无限浩大，未知的知识就像黑暗对于孩子，对未知的恐惧感使现代人承受着更多的心理压力，甚至造成不必要的"情绪拥挤"。

♡ 走出人脉焦虑的困局

在如今快节奏的现代生活中，社会交往日益增多，社会交往的成败往往直接影响着人们的升学就业、职位升降、事业发展、恋爱婚姻、名誉地位，因而使人承受着巨大的心理压力。由此产生焦虑情绪，造成心神不宁，焦躁不安，影响其工作和生活。

社交焦虑情绪常见的表现有很多种，比如：

着装焦虑。中青年女性容易产生与化妆或着装有关的焦虑情绪。简宁，女，41岁，某商场经理，她说："一看见别人比自己会打扮，就像打了败仗一样，情绪一落千丈！"

同事焦虑。经济专业毕业的路小姐业务能力极强，走到哪里都得到上司的赏识，她工作3年均在合资公司，但竟然换过6家公司。为什么频繁跳槽？其实既不是她不适应业务，也不是老板炒她鱿鱼，都是她自己自动离职。原因只有一个，她困惑地对心理医生说："我不知道如何与同事相处，为什么总有人造谣诬蔑我？有人排挤我？有人向老板告我的黑状？我也没有做错什么，为什么不能容忍我的存在？我只好逃避……"

谈判焦虑。黄先生，台湾人，某公司副总经理，曾有很好的经商业绩，他跟随总经理到大陆谈判，因感到自己对大陆政策、风俗了解较少，自己普通话也讲不好，因而在商业谈判中感到压力很大。再加上总经理要求严格，谈判进展不顺利，加重了他的心理冲突。

媒体焦虑。赵千秋，研究员，由于工作近年来得到社会的关注，各种媒体频繁地进行采访，"上镜"机会很多。但因时间分配问题的冲突使她对媒体的采访越来越反感，多次出现与记者的矛盾冲突。经心理测试，发现她患了焦虑性神经症。

另外，还有如亲友焦虑、校友焦虑、餐桌焦虑等等。形形色色的焦虑情绪不胜枚举，它们像病菌一样侵蚀着人们的精神和机体，不仅妨碍一个人畅通无阻地进入人际交往，还会直接影响人们的身心健康。其实，分析一下产生焦虑情绪的原因，无非是来自自卑心理：自我评价过低，忽视了自己的优势和独特性。

我们对社交焦虑情绪进行进一步剖析，就会发现如下的特点：

例如，有人做事急于求成，一旦不能立竿见影地取得所谓成功，就气急败坏，从精神上"打败"了自己，这是社交焦虑陷阱之一。

认为自己的表现不够出色，被别人"比了下去"，丢了面子，于是就自责，自惭形秽，产生羞耻感，这是社交焦虑陷阱之二。

缺乏分工观念，以为做不好的事情都是自己的责任。殊不知一个问题的解决，其实需要多方面的条件，有时是"有意栽花花不开，无心插柳柳成行"。有的人却不能接受这样的现实，认为努力与回报不平衡，便埋怨社会不公，这是社交焦虑陷阱之三。

实际上绝大多数人和事物都是：不好不坏，有好有坏，时好时坏。多侧面的特征各有其特色，怎可用同一标准去衡量？绝对化的评价方式，常常会导致自己总是否定自己，这是社交焦虑陷阱之四。

在我们的传统观念里，总是引诱人们追求十全十美，言行举止、吃喝穿戴都要"看着权势做，做给权势看"。实际上那是一个温柔美丽的陷阱，俗话说"人比人，气死人"。其实，人类是地球上最高级的社会性动物，人群本身就是极其多样性和多元化的，正像大象、小兔、犀牛和长颈鹿不能相互比较一样，每个人有自己的"自我意象"，每个人的个性、能力、社会作用等，都是他人不可替代的。

下面的建议对于克服社交焦虑情绪是极其有效的：

（1）不要"看着别人活，活给别人看"。要问一问自己：我的生活目标是什么？我是谁？我是不是每天有所进步？学会正确认识自己，愉快地接纳自己，以自我评价为主，正确对待他人评说。

（2）在社会交往中，让自己坦然、真诚、自信、充满生命的活力。充分展示你的人格魅力，就会赢得成功。

（3）锻炼人际交往中的亲和力。世界已经进入了合作的时代，一个人的人格魅力在智慧、在内心，学会"人合百群"是新世纪社会交往的要求，应摒弃"物以类聚，人以群分"和"酒逢知己千杯少，话不投机半句多"的陈旧观念。

（4）活得积极自主，潇洒自在，为自己寻求快乐。焦虑、烦躁等消极情绪对于解决任何问题都无济于事，要学会心平气和、乐观、勇敢、自信，这是克服焦虑的精神良药。

♡ 莫焦躁，该放下时就放下

佛陀住世时，有一位名叫黑指的婆罗门来到佛前，运用神通拿了两个三人多高的花瓶，前来献佛。

佛对婆罗门说："放下！"

婆罗门把他左手拿的那个花瓶放下。

佛陀又说："放下！"

婆罗门又把他右手拿的那个花瓶放下。

然而，佛陀还是对他说："放下！"

这时黑指婆罗门说："我已经两手空空，没有什么可以再放下了，请问现在你要我放下什么？"

佛陀说："我并没有叫你放下你的花瓶，我要你放下的是你的六根、六尘和六识。当你把这些统统放下，再没有什么了，你将从生死桎梏中解脱出来。"

黑指婆罗门这才了解佛陀放下的道理，顿时备感轻松惬意。

在我们身上，也有很多放不下的东西，权势、金钱、荣誉等，这些东西看似美好，但如果该放下的时候不放下，也会是人生辛苦的来源，弄不好会成为我们心中沉甸甸的压力，压得我们喘不过气来。如果我们也能遵循佛陀"放下"的教诲，将这些东西统统放下，压力自然就烟消云散了，心情自然就轻松愉快了！

人生有些事情是不必在乎的，有些东西是必须清空的。该放下时就放下，你才能够腾出手来，抓住真正属于你的快乐和幸福。一位作家说："我不会'抓紧'任何我拥有的东西。我学到的是，当我抓紧什么东西时，我才会失去它，如果我'抓紧'爱，我也许就完全没有爱，如果我'抓紧'金钱，它便毫无价值。想要体验快乐的方法，就是将这些东西统统'放掉'。"

每天发生在周遭的很多悲剧，往往就是无法放下自己手中已经拥有的东西所酿成的：有些人不能放下金钱，有些人不能放下爱情，有些人不能放下名利，有些人则是不能放下不应该执著的执著。

现在的人，都想生活的质量更好一点，无时无刻不在面对着各种有形无形的压力：上学压力、就业压力、工作压力、人际压力、家庭压力、住房压力、养老压力……这其中任何一个压力，都能让人累得半死。只要你还想食人间烟火，这些压力都是不可避免的，唯一的办法就是"放下"，至少没必要时时刻刻去硬扛。

一个留学生刚到日本时，他一边上学一边在餐馆打工，每天晚上都要工作到很晚才能回家，回到家累得只想往床上一躺，什么都不想做。每当他一下子倒在床上时，都会情不自禁地长长叹一口气。这让他回想起了把自己带大的奶奶。那时候他和奶奶睡在一张床上，每天晚上都听到她老人家长长地"唉"一下，那时不能理解，也很不喜欢奶奶的这声"唉"，听着好泄气，好像在抱怨什么。

现在他才终于理解了这一声"唉"，这不是泄气，不是抱怨，是让自己从白天繁忙的工作中解脱出来，是让自己将身上所有的压力放下来。他觉得这一声"唉"真的很管用，每当他"唉"完这一声，总觉得心里就舒服了，然后就可以睡上一个好觉，也为天亮后的继续打拼养足了精神。

"人在江湖飘，谁人不挨刀？"有烦恼、有压力很正常，也并不可怕，重要的是要学会"放下"。这"唉"的一声实际上就是一种释放压力的方法，它有利于肌肉群的放松，有助于使人镇静下来。人为什么会在心情不好的时候"唉声叹气"？道理就在于此。

除了叹气之外，读书、运动、睡觉、郊游、聊天、下棋、做按摩、适量饮酒等，都是一些简单易行的办法。但最关键的得要有一颗不生气的心，正确地评价自己，给自己准确的定位，不过于追求完美，不要与自己过不去，凡事需量力而行，随时调整奋斗目标，既积极进取又要知足常乐。

据世界卫生组织统计证明，压力已经成为了人类健康的第一大杀手。竞争环境的恶劣，生活上烦心的琐事，都让现代人感到压力无处不在，情绪恶化，身体情况也随之变得糟糕，反过来影响到正常的工作和生活，因而形成恶性循环。为此，将这些玩意儿放下已经是现代人迫在眉睫的事情。

在生活中，我们会遇到各种各样的烦恼、方方面面的压力。这时候，我们需要有雪松那样的弹性，去主动弯下身来，释下重负，就又能够重新挺立了。这主动的弯曲，并不是低头或失败，而是一种"放下"的艺术。

一个叫吉姆的法国人40岁的时候继承了一笔财产，拥有了一家资产达30多亿美元的公司。然而，面对丰厚的钱财，他表现得非常淡然，大部分都捐给了福利基金。人们大惑不解，他却说："对我来说，这笔钱已经没有什么实质意义，去掉它，就是去掉了我的负担。"有一次，海啸给公司造成1亿多美元的损失，他在董事会上依然谈笑风生："纵然失去了1亿美元，但我还是比你们富有10倍，我有多于你们10倍的快乐。"还有一次，他的一个孩子因车祸不幸身亡，他却说："我有5个孩子，失去1个痛苦，还有4个幸福。"吉姆这种放得下的心态，让他几乎没有什么烦恼。

人生幸福与否，完全取决于自己的心态；生活舒坦与否，就看你是否学会了放下。放下是生活的智慧，放下是心灵的学问。放下压力就轻松，放下烦恼就幸福，放下抱怨就舒坦；放下名利就潇洒；放下狭隘就自在……

还有一个有关"放下"的经典故事。一个小和尚跟随一个老和尚下山化缘，在一条小河边遇到一位姑娘不敢过河，老和尚说："我背你过去吧。"说完就把那位姑娘背过了河。到了对岸放下姑娘，师徒俩继续赶路，对于师傅的举动，小和尚心中非常疑惑，心里感觉沉甸甸的，可是又不敢说，就这样一直走了20多里。最后，小和尚实在憋不住了，就问老和尚："师傅，我们出家人应该讲究男女授受不亲，你怎么能背那位姑娘过河呢？"老和尚说："你看，我把那位姑娘背过了河就放下了，而你却背着她走了20多里。"

小和尚感到的"沉重"来自心里，因为他在心里"背上了"，却没有在应该放下时放下，所以他就会觉得越来越重，以致被"压"得快喘不过气来了。现实中的很多压力也是如此，它们本身的分量并不一定很重，而是因为我们拿起来后没有适时放下，所以才越来越重，才让我们越来越累。

生命中太多的痛苦，都来自于不肯放下，放不下功名利禄，看不透恩恩怨怨，所以无端增加痛苦。往往到了最后关头，才知道这些都无足轻重，只有健康、快乐、坦然、宁静的不生气心态，才能让我们感觉舒舒服服的。因此才有这样一种说法：拿不起放不下的是下等人；拿得起放不下的是中等人；拿得起放得下的是上等人。

 情绪排毒　焦虑症的6点自我防护

"焦虑症"的自我防护主要有以下6点：

1.有一个良好的心态

首先要乐天知命，知足常乐。古人云，"事能知足心常惬"。对自己所走过的道路要有满足感，不要老是追悔过去，埋怨自己当初这也不该，那也不该。理智的人不注意过去留下的脚印，而注重开拓现实的道路。

其次是要保持心理稳定，不可大喜大悲。"笑一笑十年少，愁一愁白了头"，"君子坦荡荡，小人常戚戚"。要心宽，凡事想得开，要使自己的主观思想不断适应客观发展的现实。不要企图把客观事物纳入自己的主观思维轨道，那不但是不可能的，而且极易诱发焦虑、忧郁、怨恨、悲伤、愤怒等消极情绪。

其三是要注意"制怒"，不要轻易发脾气。

2.自我疏导

轻微焦虑的消除，主要是依靠个人。当出现焦虑时，首先要意识到这是焦虑心理，要正视它，不要用自认为合理的其他理由来掩饰它的存在。其次要树立起消除焦虑心理的信心，充分调动主观能动性，运用注意力转移的原理，及时消除焦虑。当你的注意力转移到新的事物上去时，心理上产生的新体验有可能驱逐和取代焦虑心理，这是一种人们常用的方法。

3.自我放松

活动你的下颚和四肢。当一个人面临压力时，容易咬紧牙关。此时不妨放松下颚，左右摆动一会儿，以松弛肌肉，抒解压力。

你还可以做扩胸运动，因为许多人在焦虑时会出现肌肉紧绷的现象，引起呼吸困难。而呼吸不顺可能使原有的焦虑更严重。

欲恢复舒坦的呼吸，不妨上下转动双肩，并配合深呼吸。举肩时，吸气；松肩时，呼气，如此反复数回。

4.幻想

如闭上双眼，在脑海中创造一个优美恬静的环境，想象在大海岸边，波涛阵阵，鱼儿不断跃出水面，海鸥在天空飞翔，你光着脚丫，走在凉丝丝的海滩上，海风轻轻地拂着你的面颊……

5.放声大喊

在公共场所，这方法或许不宜，但当你在某些地方，例如私人办公室或自己的车内，放声大喊是发泄情绪的好方法。不论是大吼或尖叫，都可适时地宣泄焦躁。

6.自我反省

有些神经性焦虑是由于患者对某些情绪体验或欲望进行压抑。必须进行自我反省，把潜意识中的痛苦诉说出来。必要时可以发泄，发泄后症状一般可消失。

第七章
抑郁情绪：抗压时代，满血复活

♡ 灰色，是抑郁的标准色调

生活中，时不时地我们总会看见这样的人，他们总是唉声叹气，他们总是眉头紧锁，他们的脸上总是乌云密布。这些人无一例外，都抑郁了。抑郁是一种心理状态，也是一种惯性的思考方式，是一种悲观的看法，这种看法可以破坏欢乐，并毁掉幸福感。所以，幸福的人生需要摆脱抑郁的情绪，拨开压在心头的那片阴云，拥有一颗快乐平和的心。

抑郁已经成为现代人的常见病。一位知名作家如此解释抑郁，她说："抑郁像雾，难以形容。它是一种情感的陷落，是一种低潮感觉状态。它的症状虽多，但灰色是统一的韵调。抑郁的人冷漠，丧失兴趣，缺乏胃口，退缩，嗜睡，无法集中注意力，对自己不满，缺乏自信……不敢爱，不敢说，不敢愤怒，不敢决策……每一片落叶都敲碎心房，每一声鸟鸣都溅起泪滴，每一束眼光都蕴满孤独，每一个脚步都狐疑不定……"

几年前，央视主持人崔永元自曝患上抑郁症，使得"抑郁"话题一度升温。在多数人眼中，抑郁症，除了作为街谈巷议的话题之外，依然只是一个与己无关的名词，它的存在，仿佛只在遥远的他处。然而并非如此，相信大家在不高兴的时候都夸张地用过"郁闷"这个词。随着"郁闷"程度的加剧，随着"郁闷"时间的加长，就会遭遇心烦意乱和闷闷不乐的日子。这样的"郁闷"心态可不得了，长此以往，会让你的身心受到伤害，逐渐可以发展为抑郁症。

每一个人，在一生的某个时刻，都曾和抑郁狭路相逢过。抑郁是以情绪低落为主，与处境不相称，可以从闷闷不乐到悲痛欲绝，甚至到麻木。严重者可出现幻觉、妄想等精神病性症状，主要表现为思维迟缓和运动抑制。科技在进步，人类在发展，但抑郁却成了现代社会的常见病。"抑郁症"已经如同感冒病毒一般，在人们的生活中悄悄地蔓延流行。

刘青的家在一个偏远的贫困山村。他以全乡第一的优异成绩考上了县一中。高中与初中虽然同属中学范畴，但压力肯定不能同日而语。面对桌面上小山一样的课本与资料，刘青有些不能适应；面对从山村到县城环境的巨变，刘青也不能适应。从高一下学期，他开始失眠，并且越来越严重，以至于在此后3个多月时间内，每天只能睡三四个小时，还都是浅睡眠，听不得宿舍里有动静。

与此同时，刘青的情绪和心理发生了巨大变化。原来开朗的他，变得越来越孤僻、悲观。整天独来独往，情绪越来越差，成绩一落千丈。

学校规定不准男生留长发，一头短发的刘青却总疑心这个规定是针对自己，担心挨批。一上课，他就会在心里拼命地对自己说："要专心，要专心。"但越是如此，他就越无法集中注意力。

第一次高考以失败告终，刘青不得不选择复读。

后来，刘青终于考进大学，他一度以为那段灰暗的日子已经远离了自己，然而，从大三开始，噩梦再度来袭。失眠的症状再次出现，心态悲观偏激，行为古怪。

那段日子，只要不睡觉，刘青心绪便永远在悲观和绝望中徘徊。即使走过天桥，看到一个乞丐，他都会想，明年自己会不会和他一样在寒风中发抖。

刘青的思维开始失控，"没有一天开心过，没有一天不在压抑中度过。每天早上醒来，无论多蓝的天，在我看起来都是灰蒙蒙的。整个心似乎被什么东西捆绑着，接近窒息。"

最绝望的时候，他走上了教学楼的顶层，一只脚踏在了边缘上。但幸而想起了年迈的父母，他收住了脚步。

痛苦的刘青最终走进了学校心理辅导室。在心理医生的指导下，他住了两个多月的医院，前后痛哭了三次，哭得惊天动地。终于有一天傍晚，刘青靠在病床上，看着窗外的夕阳，忽然觉得夕阳那么的美，很多年没有看过那样的太阳了。他终于露出了久违的笑容。

抑郁是生活中较为常见的一种情绪问题，如果这种情绪持续存在会严重地影响一个人的生活质量，使人备受折磨。大部分抑郁症患者不能及时治疗，都有自杀的想法或行为，其中15%的抑郁患者都因自杀而死亡。案例中的刘青无疑是幸运的，他借助医生的指导，走了出来。如果你已经感觉到了自己的抑郁，那么，就要努力地调整自己，消除抑郁了。

♡ 负面情绪不断累积的后果

抑郁的产生是一个负面情绪不断累积的过程。心态的失衡，以及对不良心态的放纵，没有及时制止不良情绪的蔓延，是导致负面情绪不断扩散影响，进而将这种影响固定下来，并在之后的时间里不断强化的结果。

所谓"人倒霉的时候，喝凉水都塞牙"，事实上就是心态失衡后，没有及时让心态回归平静，而是放纵不良心态的典型案例。我们可以设想这样一个画面：

小王因工作表现不佳，受到上司的严厉批评。他心中不服，脸上挂不住，这时候的他肯定是怨恨、愤怒、不满等心理情绪交织着。

他回到办公室忍不住发泄自己的情绪，他很重地撞上了门，结果由于力量太大，震碎了窗户上的玻璃，而掉下来的玻璃恰好砸在他自己身上，他觉得自己太倒霉了。

然后，愤怒的他一屁股坐在椅子上，由于用力过猛，椅子翻了，自己摔在地上，扶着桌子起来的时候没看见丢在桌子上的大头针，结果扎伤了手，他觉得自己简直倒霉到家了……

这一连串倒霉事情的发生源于小王一开始受到的严厉批评。批评导致小王的心态失衡，他没有及时调整，而是放纵了这种失衡心态，使自己一直徘徊在负面情绪中。心理一直处于失衡状态导致的结果就是，等有新的事情出现的时候，心理状态还在延续之前遭受挫折时的心理，因而采取的处理办法多半是消极、不正确的，这就导致了倒霉事一件接一件的状况。

一个人情绪低落、轻度抑郁或者患上抑郁症，原因是多方面的。

一般说来，生活紧张、胃不舒服、头痛以及任何严重的身体伤害等都有可能引起一段特定时间的情绪抑郁。对于那些真正意义上的抑郁症患者来说，患病的原因通常有以下几种情况：

（1）遗传。遗传是抑郁症的一个重要因素。50%患抑郁症的人，他们的父亲或母亲也曾患有此病。

（2）大脑中的神经传导物失去平衡。抑郁症起因于脑部管制情绪的区域受干扰。大部分人都能处理日常的情绪紧张，但是当此压力太大，超过其调整机能所能应付的范畴时，抑郁症可能由此而生。

（3）性格特质。自卑、悲观、完美主义者及依赖性强者较易得抑郁症。

环境或社会因素一连串的挫折、失落、慢性病或生命中不受欢迎的重大决定，也会引发抑郁症。

（4）饮食习惯。研究已发现食物显著地影响脑部的行为。饮食是最常见的抑郁原因，例如，饮食习惯差及常吃零食。脑中负责管理我们行为的神经冲动传导物质会受我们所吃的食物影响。

此外，过去人们都认为导致抑郁症是心理方面的原因，但科学研究证实，非心理因素也能诱发抑郁症，常见的有以下几种：

药物的副作用。药物可以治病，也会对身体造成损害，甚至引起抑郁症。服用治高血压、心律不齐和其他类固醇药物，如果发现有抑郁症状，应立即请医生诊断并改用其他药物。

甲状腺问题。甲状腺不正常是引起抑郁症的主要原因之一。通过验血可以查出甲状腺的问题。尤其是甲状腺功能减退很容易引起抑郁症，患者体重增加、感到疲劳、皮肤干燥、便秘和睡眠不正常。该病治愈后，抑郁症会自然消失。

　　经前综合症。许多妇女都有经前综合症，其中有约5％的女性会患严重抑郁症，影响日常生活。主要症状有：强烈饥饿感、哭泣、失眠和行为异常。这是因为行经前雌激素增加，维生素B6含量发生变化，当维生素B6含量下降过度时便会引起抑郁症。

　　糖尿病。糖尿病患者（包括尚未明确诊断者）因为血液中含糖量过高可致乏力、疲倦和失眠，这些都是抑郁症症状。

　　节食减肥。想减肥而过度节制饮食者，因吃得过少，可能会出现抑郁症症状。因此，应采取健康的节食方法，使营养平衡。

　　缺乏运动。研究表明，缺乏运动可导致抑郁症。从事积极的体育运动可以从一定程度上消除抑郁症。

　　日照不足。日照不足会使人患抑郁症。专家认为有些人对褪黑色素非常敏感而患抑郁症，这种激素在黑夜或日照不足时会形成，因此多晒太阳有助于消除抑郁症。

　　营养不平衡。人体不能得到充分营养，活动水平降低，可能会引起抑郁症。研究认为，机体内某些维生素和矿物质的缺乏容易导致抑郁症，但这种几率很小。

♡ 抑郁症：精神的流行性感冒

　　在人的一生中，有三个时期较易得抑郁症，即青春期、中年及退休后。

　　抑郁的类型有两种：一种是由于精神上受到打击而出现的过度反应；另一种并没有特别的原因。

每个人都会有心情不好的时候。抑郁是人们常见的情绪困扰，是一种感到无力应付外界压力而产生的消极情绪，常常伴有厌恶、痛苦、羞愧、自卑等情绪。它不分性别年龄，是大部分人都有的经验。对大多数人来说，抑郁只是偶尔出现，历时很短，时过境迁，很快就会消失。但对有些人来说，则会经常地、迅速地陷入抑郁的状态而不能自拔。当抑郁一直持续下去，愈来愈严重以致无法过正常的日子，即称为抑郁症。

根据世界卫生组织统计，全世界有3%的人患有抑郁症。

抑郁症在西方社会被称为"精神上的流行性感冒"，其传播范围之广，受其影响之容易，可以从"流感"二字看得出来。

1.测试：你抑郁了吗

有些人可能自己患上了抑郁症，但是自己却不知道。你可以进行下面的自测：

持续的悲伤、焦虑，或头脑空白；

睡眠过多或过少；

体重减轻，食欲减退；

失去活动的快乐和兴趣；

心神不宁或急躁不安；

躯体症状持续对治疗没有反应；

注意力难以集中，记忆力下降，决策困难；

疲劳或精神不振；

感到内疚、无望或者自身毫无价值；

出现自杀或死亡的想法；

通过测试，如果你出现了5个或更多以上症状，这时你就要重视，调整心态和生活方式，防止抑郁变得更加严重。

2.身心上出现的一些变化

抑郁症患者会对周遭的事物失去兴趣，因而无法体验各种快乐。对他们而言，每件事物都显得晦暗，时间也变得特别难熬。通常，他们脾气暴躁，而且常试着用睡眠来驱走抑郁或烦闷，或者他们会随处坐卧、无所事事。大部分人所患的抑郁症并不严重，他们仍和正常人一样从事各种活动，只是能力较差，动作较慢。

除出现抑郁外，尚有身体上的变化，常见的症状有：

（1）对外在事物漠不关心。在吃、睡及性方面会失去兴趣或出现困难，无故而发的罪恶感及无用感，与现实脱节。

（2）消化不良、便秘及头痛、胃痛、恶心、呼吸困难、慢性颈痛、背痛。很多时候，抑郁症有一些轻微病症，如疲劳、失眠、肠胃不适等等。此外，抑郁症的症状还包括慢性疲劳症候群，经常睡觉且睡眠时间过长、失去食欲，便秘或腹泻。

（3）抑郁症患者通常好幻想，喜退缩。说话少且音调低、速度慢、动作少且慢、严重时僵呆，但有时会出现急躁行为，甚或自杀行为。患者常常会感觉人生毫无意义，许多患者甚至会想到以死来求得解脱。

♡ 晒晒你的"心情账单"

你的心情账单是怎样的？心情账单里，对每一块钱并不是一视同仁的，而是视不同来处，去往何处采取不同的态度。

　　"心情账单"是一种有趣的心理现象，对人的行为有直接的影响。

　　如果今天晚上你打算去听一场音乐会，票价是100元，在马上要出发的时候，你发现最近买的价值100元的电话卡丢了。你是否还会去听这场音乐会呢？大部分人仍然会去听。可是如果情况改变一下，假设你昨天花了100元钱买了一张今天晚上的音乐会门票。在你马上要出发的时候，突然发现门票丢了。如果你想听音乐会，就必须再花100元钱买张门票，你是否还会去听呢？结果却是大部分人回答说不去了。

　　其实，仔细一想，这两种结果损失的钱是一样的。不管丢的是电话卡还是音乐会门票，总之是丢失了价值100元的东西，从损失的金钱上看，并没有区别。之所以出现上面两种不同的结果，其原因就是大多数人的心情账单的问题。

　　对于抑郁的人来说，他们的心情账单是出现了较大亏损的。他们不是在不断地透支积极、正面、平和，就是不断在索取焦虑、抱怨、痛苦、担忧，这样的亏损使得他们总是对一件事情纠缠不休，不能很快地原谅自己、原谅别人，即使是一种客观原因，他们也总是难以释怀，并据此不断地胡思乱想，难以很快地摆脱事情带来的负面影响。

　　一个出身名校的外企白领，有房有车，承受的压力也是巨大的。她每天都忙得团团转，更重要的是她根本体会不到快乐，她感觉自己的生活都被压力、责任、忙碌、业绩、客户、出差等充斥着。

　　这样的生活让她感到了透彻心底的疲惫，慢慢地，她会莫名其妙地沮丧、孤独、脆弱、厌食、浑身无力、失眠，全身不适甚至包括皮肤，都像沉重的石头压迫着空空的脑袋，无力集中精神做任何想做或必须做的，哪怕原来很感兴趣的事。

躺着是唯一能做的，无论睁眼还是闭眼。这对常人来说惬意的休息方式，对她来说却与死无异。

"坚持"是她对自己和别人说得最多的字眼，因为只有这一个信念才能让她活下来。在以后的生活里，她一直在忍受痛苦和放弃生命的矛盾中挣扎着，曾经的梦想夏花一般短暂绽放又泯灭。

让心理长时间处于失衡状态的结果，就是整个人的心态都走向了负面，完全看不到正面、积极的东西。

如果将心情账单做个延伸，我们就会发现，每个人的心情账单并不仅仅是管钱的，还管理着伤心、痛苦、高兴等不同的情绪。我们假设两次伤害的程度是一样的，那么，对一般人来说，如果这个伤害是别人造成的，那他的心里会非常委屈，甚至是异常愤怒；如果这个伤害是自己的原因造成的，那程度就要轻很多。因为相对于原谅别人来说，人总是善于原谅自己。

♥ 活在当下，不预支明天的烦恼

过去与未来并不是存在的东西，而是存在过和可能存在的东西。唯一存在的是现在。

活在当下是一种全身心地投入人生的生活方式。当你活在当下，而没有被过去拖在你后面，也没有被未来拉着你往前时，你全部的能量都集中在这一时刻，生命因此具有一种巨大的张力。

"当下"给你一个深深潜入生命之水或是高高地飞上生命天空的

机会。但是在两边都有危险——"过去"和"未来"是人类语言里最危险的两个词。生活在过去和未来之间的当下几乎就像走在一条绳索上，在它的两边都有危险。但是一旦你尝到了"当下"的甜蜜，你就不会去顾虑那些危险；一旦你跟生命保持同一步调，其他的就无关紧要了。对你而言，生命就是一切。

当生命走向尽头的时候，你该问自己："这一生你觉得了无遗憾吗？你想做的事都做了吗？你有没有好好笑过、真正快乐过？"

想想看，你这一生是怎么度过的：年轻的时候，你拼了命想挤进一流的大学；随后，你巴不得赶快毕业找一份好工作；接着，你迫不及待地结婚、生子；然后，你又整天盼望孩子快点长大，好减轻你的负担；后来，孩子长大了，你又恨不得赶快退休；最后，你真的退休了，不过，你也老得几乎连路都走不动了……当你正想停下来好好喘口气的时候，生命也快要结束了。

其实，这不就是大多数人的人生写照吗？他们劳碌了一生，时刻为生命担忧，为未来做准备，一心一意计划着以后发生的事，却忘了把眼光放在"现在"，等到时间一分一秒地溜过，才恍然大悟"时不我予"。

智者常劝世人要"活在当下"。到底什么叫做"当下"？简单地说，"当下"指的就是你现在正在做的事、待的地方、周围一起工作和生活的人。"活在当下"就是要你把关注的焦点集中在这些人、事、物上面，全心全意去接纳、品尝、投入和体验这一切。

但事实上，大多数的人都无法专注于"现在"，他们总是若有所思，心不在焉。想着明天、明年，甚至下半辈子的事。假如你将全部力气耗费在未知的未来，却对眼前的一切视若无睹，那你永远也不会得到快乐。一位作家这样说过："当你存心去找快乐的时候，往往找不到，唯有让自己活在'现在'，全神贯注于周围的事物，快乐才会不请自来。"或许人生的意义，不过是嗅嗅身旁每一朵绚丽的花，享受一路走来的点点滴滴而已。毕竟，昨日已成历史，明日尚不可知，只有"现在"才是上天赐予我们最好的礼物。

许多人喜欢预支明天的烦恼，想要早一步解决掉明天的烦恼。其实，明天如果有烦恼，你今天是无法解决的，每一天都有每一天的人生功课要交，努力做好今天的功课再说吧！用平常心对待每一天，用感激的心对待当下的生活，我们才能理解生活和快乐的真正含义！

💟 别让狭隘禁锢你的大脑

有的人遇到一点点委屈或很小的得失便斤斤计较、耿耿于怀；有的学生听到老师或家长一两句批评的话就接受不了，甚至痛哭流涕；有的人对学习、生活中一点小小的失误就认为是莫大的失败、挫折，长时间寝食不安；有的人人际交往面窄，追求少数朋友间的"哥们义气"，只同与自己意见相同或不如自己的人交往，容不下那些与自己意见有分歧或比自己强的人。

有关专家曾针对这一现象，对不同性格人的生理变化进行了研究，从中得到了有趣的发现：性格开朗的人，其基础代谢率较高，组织器官的新陈代谢较快，内分泌系统平衡协调，各项生命指标，如血压、脉搏等相对稳定；而心胸狭隘、忧郁的人，其结论正好相反。

这些生理现象实质上是由心理因素引起的。心胸狭隘、心情忧郁的人，好静不好动，饮食少而无规律，经常失眠，神经衰弱，爱发脾气、生闷气等。如果上述性格与生活习惯交互作用，会互相加剧，形成恶性循环，结果导致内分泌紊乱，组织器官因养分不足而过早衰老。性格开朗的人则喜爱运动，心胸开阔，乐观向上，这些良好的生活习惯与性格特点形成良性循环，有利于内分泌系统平衡稳定。他们的组织器官新陈代谢旺盛，从而使机体充满活力。

可见，不同性格的人，其生活习惯直接或间接地影响到人的健康和衰老。

狭隘心理的产生同家庭中不良因素的影响有很大关系。父母狭隘的心胸、为人处世的方法、不良的生活习惯等对子女有潜移默化的影响。有些子女狭隘的性格完全是父母性格的翻版。另外，优越的生活环境、溺爱的教育方法往往易形成子女任性、骄傲、利己主义等品质，受点委屈便耿耿于怀，对"异己"分子不肯容纳与接受。尤其是一些年轻人，阅历浅、经验少，遇到问题后，容易把事情想得过于困难、复杂，加之对自己的能力估计不足，对事情感到无能为力，因而容易紧张、焦虑。

狭隘的人，其心胸、气量、见识等都局限在一个狭小的范围内，不宽广、不宏大。多与人接触，使自己对不同的人有不同的认识，从而积累经验，这样会从中明白许多对与错的道理。善于宽容是人的一种美德。对任何事都斤斤计较，一定是一个狭隘的人。

怎样才能克服气量小的狭隘毛病呢？

1.拓宽心胸

陶铸同志曾经写过两句诗："往事如烟俱忘却，心底无私天地宽。"要想改掉自己心胸狭隘的毛病，首先要加强个人的思想品德修养，破私立公。遇到有关个人得失、荣辱之事时，经常想到大局、集体和他人，经常想到自己的目标和事业，这样就会感到犯不着计较这些闲言碎语，也没有什么想不开的事情了。

2.充实知识

人的气量与人的知识修养有密切的关系。有句古诗说："曾经沧海难为水，除却巫山不是云。"一个人知识多了，立足点就会提高，眼界也会相应开阔，此时，就会对一些"身外之物"拿得起、放得下、丢得开，就会"大肚能容，容天下能容之物"。当然，满腹经纶、气量狭隘的人也有的是，但这并不意味着知识有害于修养，而只能说明我们应当言行一致。培根说："读书使人明智。"经常读一些心理学方面的书籍，对于开阔自己的胸怀，裨益当不在小。

3.缩小"自我"

你一定要不断提醒自己，在生活中不要期望过高，来点阿Q精神降低你的期望。如果你坚持抱着一成不变的期望，不愿做任何改变减少你的期望以平衡期望和现实之间的差距，那么你就会很快被激怒，让事情变得更糟。根据莫菲定律："只要事情有可能出错，就一定会出错。"这正好抓住了降低期望、明智看待事情的想法，它也说明了该如何调整期望，才不会留下满屋子的失望和挫折感。

降低你的期望不但可以减少你的生气次数和降低生气的强烈程度，还可以减少生气的时间。随时调整你的期望，时刻保持清醒的头脑，你才会在自负的乌云之中看到阳光。这样做也就使心胸开阔了许多。因此，正确地善待自我有利于我们走出狭隘。

4.自然陶冶法

人们在学习、工作之余，在庭院花卉、草坪旁休息，在绿树成荫的大道上散步，在风景秀丽的公园里游玩，就会感到心旷神怡、精神亢奋，利于忘却烦恼、消除疲劳。

自然风光对人的心理有积极作用，早已被古人所认识。唐诗曰："清晨入古寺，初日照高林。曲径通幽处，禅房花木深。山光悦鸟性，潭影空人心。万籁此俱寂，唯闻钟磬音。"大自然确能使人缓解心理紧张，陶冶人的情操。

进行必要的放松训练

放松疗法又称松弛疗法。放松疗法是一种通过训练有意识地控制自身的心理生理活动、降低唤醒水平、改变机体紊乱功能的心理治疗方法。实践表明，心理生理的放松，均有利于身心健康，达到治病的效果。

人们很久以前就在使用放松的方式来养生颐寿。像我国的气功、印度的瑜珈术、日本的坐禅，都是以放松达到心平气和、通体舒畅的目的。

放松疗法认为一个人的心情反应包含"情绪"与"躯体"两部分。假如能改变"躯体"的反应，"情绪"也会随着改变。至于躯体的反应，除了受自主神经系统控制的"内脏内分泌"系统的反应不易随意操纵和控制外，受随意神经系统控制的"随意肌肉"反应，则可由人们的意念来操纵。也就是说，经由人的意识可以把"随意肌肉"控制下来，再间接地把"情绪"松弛下来，建立轻松的心情状态。在日常生活中，当人们心情紧张时，不仅"情绪"上"张惶失措"，连身体各部分的肌肉也变得紧张僵硬，即所谓心惊肉跳、呆若木鸡；而当紧张的情绪松弛后，僵硬肌肉还不能松弛下来，即可通过按摩、沐浴、睡眠等方式让其松弛。

基于这一原理，"放松疗法"就是训练一个人，使其能随意地把自己的全身肌肉放松，以便随时保持心情轻松的状态。

下面介绍一些具体的方法：

1.深呼吸

呼吸并不只有维持生命的作用，吐纳之法还可以清新头脑，熨平纷乱的思绪。所以当你因压力太大而心跳加快时，不妨试着放松身心，做几个深呼吸。进行深呼吸，能增加血液中的氧，有助于很快放松心情。简单用胸部快速浅呼吸只能导致心跳加快，肌肉紧张，会增加压力感。正确的呼吸方法是放松腰带，双手扶下腹，均匀平缓深呼吸。

2.常想象

听起来很新鲜，其实研究证明能有效减轻压力。例如设想自己在洗热水澡，自己在草地漫步，踩着鹅卵石在没膝深的溪水中探行，躺在海滩上让潮水一遍一遍地冲刷。要注意想象一些声音、景象、气味等的细节。

3.自按摩

全身保健按摩是活动全身的皮肤，穴位按摩是手指点按几个穴位，其中有印堂、风池、太阳、内关、外关、足三里和涌泉，以及肩与颈之间的大块区域。按摩时可以配合深呼吸和意念循环。

4.练气功

气功是古老而神秘的学问，气功是意念、动作、呼吸相结合的功夫，我们可以曲膝做马步蹲裆式，上体笔直，吸气时双手慢慢抬起，平肩，呼气时双手慢慢放下，多做几次。

 ## 情绪排毒　走出抑郁阴影的4个方法

人若想改变自己容易愤怒或急躁的性格，不是十分困难。而想改变自己抑郁的心理却不很容易。而一个人要想成大事，就必须把抑郁从他的性格中扔出来，因为抑郁代表一种消极的意识和自我折磨的心态。情绪控制能力不高者，很难走出抑郁的阴影。

抑郁不是单一的病症，它有很多种类型，其病症也各不相同。抑郁与伤寒和流感不同，抑郁瓦解了他们的意志，消耗了他们的精力。一些人的抑郁是由某一些生活事件，诸如失业、住房问题、贫穷或重大的财产损失造成的。另一些人的抑郁似乎与遗传有关。还有一些人，早期苦难的生活经历使得他们具有抑郁的易感性。更有一些人其抑郁根源于家庭、人际关系或与社会隔绝等问题。当然，人们或许有其中一种或多种问题，因此毫不奇怪，我们对付抑郁，需要各种治疗方法和手段，对一个人有效的方法或许对另一个人无效。

下面4个走出抑郁阴影的方法，希望能对你有所帮助。

1.合理安排日常生活

抑郁的人对日常必需的活动会感到力不从心。因此，我们应对这些活动进行合理安排，以使它们能一件一件地完成。以卧床为例，如果躺在床上能使我们感觉好些，躺着无疑是一件好事。但对抑郁的人来说，事情往往并非这么简单。他们躺在床上，并不是为了休息或恢复体力，而是一种逃避的方式。因为没有应当做的事，我们会为这种逃避而感到内疚、自责。并且，躺着使我们有更多的时间思考自己的困境。床看起来是安全的地方，然而，长此以往，情况会更加糟糕。因此，最重要的是努力从床上爬起来，按计划每天做一件积极的事情。有时，一些抑郁者常常带着这样的念头强制自己起床："起来，你这个懒虫，你怎么能光躺在这儿呢？"其实，与之相反的策略也许会有帮助，那就是学会享受床上的时光。一周至少一次，你可以躺在床上看报纸，听收音机，并暗示自己：这多么令人愉快。你应当学会，在告诉自己起床干事情的时候，不再简单地"强迫自己起床"，而是鼓励自己起床。因为躺在那儿想自己所面临的困难，会使自己感觉更糟糕。

2.换一种方式思维

对抗抑郁的方式，就是有步骤地制订计划。尽管有些麻烦，但请记住，你正训练自己换一种方式思维。如果你的腿断了，你将会逐渐地给伤腿加力，直至完全康复。有步骤地对抗抑郁也必须是这样的。

现在，尽管令人厌倦的事情没有减少，但我们可以计划做一些积极的活动，即那些能给你带来快乐的活动。例如，如果你愿意，你可以坐在花园里看书、外出访友或散步。有时抑郁的人不善于在生活中安排这些活动，他们把全部的时间都用在痛苦的挣扎中，一想到衣服还没洗就跑出来，便会感到内疚。其实，我们需要积极的活动，否则，就会像不断支取银行的存款却不储蓄一样。积极的活动相当于你银行里有存款，哪怕你所从事的活动，只能给你带来一丝丝的快乐，你都要告诉自己：我的存款又增加了。

抑郁病人的生活是机械而枯燥的。有时，这似乎是不可避免的。

解决问题的关键，仍然是对厌倦进行诊断，然后逐步战胜它。

抑郁个体常感到与人隔绝、孤独、闭塞，这是社会与环境造成的。情绪低落是对枯燥乏味、缺乏刺激的生活的自然反应。

3.战胜抑郁

许多抑郁症患者是真正的战士，很少有抑郁的人能意识到自己的极限。有时，这与完美主义密切相关。专家喜欢用"燃尽"一词描述那些处于被挖空状态的个体。对一些人而言，"燃尽"是抑郁的导火索。无论是待在家里，还是忙于应付各种工作任务，你一定要记住：你与其他人一样，所能做的工作是有限的。

4.克服抑郁中的自责

有一位病人，自从她对门住进了新的邻居，她就开始变得抑郁。那位邻居习惯于在清晨大声播放音乐。她试图找有关部门禁止他，尽管人家很同情她，但却帮不了她。逐渐地，她陷入抑郁，感到生活都毁了，自己却无能为力。她并不认为抑郁是她自己的过错，也不认为自己无能、无价值或脆弱。她抑郁仅仅是因为，她沉溺在对一个复杂情境失控的状态中。

有时，抑郁是由于家庭或重要关系的冲突、破裂而造成的。抑郁的人感到自己被这种关系所困，充满失败感，但却没把过错归结于这种关系。有时，抑郁的人为抑郁病症，以及抑郁给自己周围的人造成的影响而感到难过，但他们不认为自己差或无能，他们将过错归罪于抑郁本身。

许多抑郁的人对自己很苛刻。抑郁当然不会改善我们的自我感觉。与自我的不良关系成为抑郁的前奏，并且，这种关系会随抑郁的发展继续恶化。

抑郁的时候，我们感到自己对消极事件负有极大的责任，因此，我们开始自责。这种现象的原因是复杂的，有时，自我责备是家庭中时有发生的，在我们小时候当家里出现问题时，受到责备的常常是我们。因此，即使是受虐待的儿童都学会了责备自己——这当然是荒唐可笑的。遗憾的是，善于责备他人的成年人，常挑选那些最无反驳能力的人做他们的责备对象。

抑郁者的自责是彻头彻尾的。不幸事件发生或冲突产生时，他们认为这全是他们自己的错。这种现象被称做"过分自我责备"，是指当我们没有过错，或仅有一点过错时，我们出现承担全部责任的倾向。然而，生活事件是各种情境的组合体。当我们抑郁的时候，跳出圈外，找出造成某一事件的所有可能的原因，会对我们有较大的帮助。我们应当学会考虑其他可能的原因，而不是仅仅责怪自己。

第八章
抱怨情绪：不抱怨，爱上生命的不完美

♡ 抱怨随时都会发生

抱怨，是一件人人都会做的事情。

失败者："为什么老天总是不开眼？为什么失败的总是我？"

失业者："为什么伯乐总是那么少？为什么没有人赏识我？"

贫穷者："为什么财神总是不眷顾我？为什么我要过苦日子？"

病患者："为什么病魔总是缠着我？为什么我没有一个健康的身体？"

富人说："为什么他比我更有钱？为什么他有钱还很悠闲？"

哲人说："难道真的是高处不胜寒？为什么没有人接受我的理念？"

权贵说："为什么人生苦短？为什么我不能成佛成仙？"

抱怨，是一件随时都会发生的事情。抱怨的人有千万种抱怨，不抱怨的人有千万个不抱怨的理由。

早上起床晚了，抱怨的人会想"唉！又要扣工资了"，不抱怨的人会想"是不是我太累了，该找个时间好好休息一下了"；

路上走路，与别人撞了一下，抱怨的人会想"没长眼睛啊"，不抱怨的人可能根本就没意识到，最多会想"他也不是故意的"；

到了公司，有个同事对面走过连个招呼也没打，抱怨的人会想"对我有意见？我还懒得理你呢"，不抱怨的人可能想都没想，最多会想"他也是想着做事，没留神"；

工作上辛辛苦苦完成了一个任务，自认为无可挑剔，哪知交上去了才发现还有个小错误，抱怨的人会想"为什么事先没想到啊，真是白辛苦了"，不抱怨的人会想"我这么小心还是有疏漏，下次要吸取教训，要更加小心了"；

喝口水呛着了，抱怨的人会想"怎么这么倒霉，喝水都要找我麻烦"，不抱怨的人会想"现在有点急躁了，沉稳一点"；吃饭咬到沙子，抱怨的人会想"谁洗的米，沙子都不去掉"，不抱怨的人会想"有沙子是正常的，怪我不小心没看到"；

下班了，领导说大家留一下，晚上要开会，抱怨的人会想"又开会，怎么不在工作时间开啊？我女朋友的约会怎么办"，不抱怨的人会想"原来这就是鱼与熊掌不可兼得也"；

晚上回到家，累得不行，抱怨的人会想"为什么生活会这么累啊"，不抱怨的会想"又过一天了，今天还真有不少收获，现在马上好好休息，明天还要好好工作"……

有这样一个故事：

画家列宾和他的朋友在雪后去散步，他的朋友瞥见路边有一片污渍，显然是狗留下来的尿迹，这位朋友抱怨了几句，就顺便用靴尖挑起雪和泥土把它覆盖了。没想到列宾对他说："几天来我总是到这来欣赏这一片美丽的琥珀色。"

在生活中，当我们一直埋怨别人给我们带来不快，或抱怨生活不如意时，想想那片狗留下的尿迹，其实，它是"污渍"，还是"一片美丽的琥珀色"，完全取决于你自己的心态。

一个人做事的态度决定他一生的成就。我们的工作，就是生命的投影。它的美与丑、可爱与可憎，全操纵于我们自己的手中。

所以，不要抱怨你的专业不好，不要抱怨你的学校不好，不要抱怨你居无定所，不要抱怨你的男人穷或你的女人丑，不要抱怨你没有一个好爸爸，不要抱怨你的工作差、工资少，不要抱怨你空怀一身绝技没人赏识你。一个天性乐观、对人生充满热忱的人，无论他眼下是在洗马桶、挖土方，或者是在经营着一家大公司，都会认为自己的工作是一项神圣的天职，并怀着浓厚的兴趣去完成它。

♡ 认真思考，你在抱怨什么

有位心理学家做过一项心理试验，他让自己的学生列出所有恋爱关系中令人抱怨的事情。结果列出的抱怨数目惊人，涉及的范围从严肃认真的（拒绝沟通、缺乏信任感、接受不合理的内疚）到稀松平常的（借太多东西、不更换卷筒卫生纸、看电影时肆意聊天），再到有点惹人厌恶的（以难闻的体臭和挖鼻孔为甚）。

抱怨人人有，你也不例外，在生活和工作中，你的抱怨是什么？

1.工作琐碎无聊

如果你去问今天的学生（从高中生直到硕士生），工作好不好找，相当一部分人会说不好找；如果你去问今天的企业经理们，人才是不是很难得，同样也会有相当的一部分人会说找个合适人才真的很难。其中的原因，绝不是"信息不对称"所能解释的。

一些刚走出校门的大学生，心高气傲，心浮气躁，大事做不了，小事不愿做。许多人常常抱怨自己的工作过于琐碎无聊："我的工作真是无聊透顶。""每天面对重复的工作，我简直要疯了！""工作做完就行了，哪还管得了那么多。"等等。

也许你每天所做的可能就是接听电话、处理文件、参加会议之类的小事。你是否对此心生抱怨，是否因此敷衍应付？

北京中关村一家公司的人事部经理曾感叹道："每次招聘员工，总碰到这样的情形——大学生与大专生、中专生相比，我们也认为大学生的素质一般比后者高。可是，有的大学生自诩为天之骄子，到了公司就想唱主角，强调待遇。别说挑大梁，真正找件具体工作让他独立完成，却拖泥带水，漏洞百出。本事不大，心却不小，还瞧不起别人。大事做不来，安排他做小事，他又觉得委屈，埋怨你埋没了他这个人才，不肯放下架子干。我们招人是来工作、做事的，不成事，光要那大学生的牌子干吗？所以有时候，大学生、大专生、中专生相比之下，大专生、中专生反而更实际，更有用。"

现在，社会上有的企业急需人才，而有的大学生却被拒之于门外，不受欢迎，不被接纳，对此现象，人事部经理的一番感叹还是有所启迪的。

2.碰到郁闷的主管

乔安在目前的公司工作了3年，但他越来越觉得他的主管领导无论在工作能力方面，还是在为人处世方面都特窝囊，很多同事也说主管不如乔安，这样乔安就更感到压抑。记得刚工作那会儿，他对主管怎么看都不顺眼，公司的进账出账、财务报表等等，每一样都离不开他。

每次听到主管提出的有关财务方面的愚蠢问题，乔安总在心里哀怨：如果我是主管，我们这个部门对公司的贡献会更大。他把自己的心事跟朋友谈起的时候，朋友们也说曾碰到过类似的情况，有的主管领导能指方向但不会干实事，乱讲一通，出了问题，反过来责怪下属糟蹋了他的创意；有的自己没主意，让员工来出谋划策，再一把抢过来占为己有；还有些主管固守老一套，员工都想创新，就他百般阻挠，等等。面对这样的难题，真不知如何解决。

对主管，切不可感情用事，一定要理智地分析和看待他。当心里产生抱怨的情绪时，先问问自己：对主管的反感，是不是带有浓重的个人感情色彩？主管身上真的是找不到一丝优点吗？

学会客观看待遇到的问题，是职场生存的基本功之一。公司就是公司，既然老板把公司创立起来，当然是把盈利放在首位的。所以，老板不会安排一个无用的人在任何一个部门。看清了这一点，我们就会理解，这个主管还是有存在的必要的。退一万步说，即使主管不称职，作为一个职场前辈，也依然有值得学习的地方。

3.自己怀才不遇

每个地方都有"怀才不遇"的人，普遍的行为是牢骚满腹，喜欢批评别人，有时也会露出一副抑郁不得志的样子。和这种人交谈，运气不好的时候，还会被他刻薄地批评一顿。

这种人有的真的是怀才不遇，因为客观环境无法配合，"虎落平阳被犬欺，龙困浅滩遭虾戏"，但为了生活，又不得不屈就，所以痛苦不堪。

　　"怀才不遇"感觉越强烈的人，越把自己孤立在小圈圈里，无法参与到其他人群里面。每个人都怕惹麻烦而不敢跟这种人打交道，人人视之为"怪物"，敬而远之。不好的评价一旦传播开来，除非遇到爱惜人才、明白事理的上司大力提拔，否则将无出头之日。

　　不管你才能如何，都有可能碰上无法施展的时候。但就算有"怀才不遇"的感觉，也不能表现出来，你越沉不住气，别人越把你看得很轻。因此，你首先要做的是：

　　先评估自己的能力，看是不是自己把自己估计得太高了。如果觉得自己评估自己不是很客观，可以找朋友和较熟的同事替你分析，如果别人的评估比你自我评估还低，那么你要虚心接受。

　　分析一下为什么自己的能力无法施展，是一时间没有恰当的机会还是大环境的限制？有没有人为的阻碍？如果是机会问题，那只好继续等待；如果是大环境的缘故，那就考虑改变一下现有的环境，寻求更好的发展空间；如果是人为因素，那么可诚恳沟通，并想想是否有得罪人之处，如果是，就要想办法疏通、化解。如果你骨头硬，不肯服软，那当然要另当别论了。

　　考虑拿出其他专长。有时"怀才不遇"是因为用错了专长，如果你有第二专长，那么可以要求上司给你机会去试试看，说不定就此能走上一条光明之路。

　　4.没有机会受青睐

　　经常听到一些员工埋怨自己时运不济，命运不公。评价别人的成功，也总是一味强调人家"运气好"。实际上，机会对每一个人都是平等的。在职场打拼，不错过每一个展现自己的机会，才能使自己得到别人的认可和赏识。

然而，相当一部分员工只能靠不断成功的刺激来维持自信心，受不得一点挫折，受了一点挫折就轻言放弃，怨天尤人。爱默生说："每一种挫折或不利的突变，是带着同样或较大的有利的种子。"老子也曾经说过："祸兮福所倚，福兮祸所伏"。所以，困难也是一个难得的机会，所谓时势造英雄，敢于负责的人会在困难中找机会，推卸责任的人是在机会来临时还害怕困难，给自己搜寻种种他们无法利用这机会的理由。

一个善于表现自己的人，他的成功机会就会比别人多得多。不懂得恰当展示自我的人是最可悲的，因为这会使你与许多成功的机会失之交臂。

那些埋怨机会为何不降临在自己的头上的人，总觉得自己怀才不遇，因而牢骚满腹。其实，成功不是没有机会，而是你没有很好地识别机会、抓住机会、利用机会而已。

小王在合资公司做白领，觉得自己才华横溢却没有得到上司的赏识，于是总是这样想：如果有一天，能见到老板，有机会展示一下自己就好了。

小王的同事小张，也有类似的想法，他比小王更加积极一些，去打听老板上下班的时间，算好他大约会在何时坐电梯，他便也在这个时候去坐电梯，希望能遇到老板，有机会可能和他打个招呼。

他们的同事小刘则更善于制造机会和把握机会，他详细地了解了老板的奋斗经历，弄清老板毕业的学校，人际风格，关心的问题，精心设计几句简洁明快却有分量的开场白，找好时间去乘电梯，跟老板打过几次招呼后，终于有机会跟老板进行了一次深入的谈话，不久就争取到了理想的职位。

所以，愚者错失机会，智者善于抓住机会，成功者创造机会这种说法不无道理。机会对每个人而言都是平等的。但机会只肯垂青那些有准备的人。

5.坐不住冷板凳

在足球比赛中，除了上场踢球的11名队员外，还有几个队员是不能上场的，俗称"板凳"队员。在一场比赛中，这些板凳队员有的只能上场几分钟，有的连上场的机会都没有。我们认为，坐"冷板凳"并不是一种没本事、丢人的事，即使是国脚也有"失脚"的时候，也要有坐"冷板凳"的勇气。只要还能坐"冷板凳"，就还算队中的一员，就总有上场的机会。如果你连"冷板凳"都坐不住，不要说赢不赢球，首先心态就不正，自己就已经输球了。

任何时候，我们都不要把自己看得太高，坐不住"冷板凳"。大凡会坐冷板凳，不外乎几种情况：一是本身能力欠佳，只能做一些无关紧要的事，却还没有到被炒鱿鱼的地步，因为在工作中犯了错误，使你的老板和上司对你的工作能力失去了信心，只好暂时把你"冷冻起来"。二是老板或上司有意考验你。人要做大事必须有面对挑战的勇气，面对困难的耐心，同时还要有身处孤寂的韧性。有时要培养一个人，除了让他做事之外，也要让他无事可做，一方面观察，一方面训练。这种考验事先是不会让他知道的，知道就不会是考验了。三是大环境有了变化。人说"时势造英雄"，很多人的崛起是由环境造成的，因为他的个人条件适合当时的环境，可当时过境迁时，英雄便无用武之地了，这时候你只好坐"冷板凳"。四是你冒犯了上司或老板。宽宏大量的人对你的冒犯无所谓，但人是感情动物，你在言语或行为上的冒犯如果惹恼了他，你便有坐"冷板凳"的可能。五是威胁到老板或上司。你能力如果太强，又不懂得收敛，让你的上司或老板失去了安全感，那么你便会受到冷冻。老板怕你夺走商机自己去创业，上司怕你夺了他的位置，那么让你坐"冷板凳"就是必然的了。

坐"冷板凳"的原因还有很多，无法一一列举。大凡人遭到冷遇，难免都会自怨自艾，疑神疑鬼，而不去冷静思考、寻找原因。仔细想想，坐"冷板凳"也未必是什么不光彩的事情，大可借此机会调整自己的心态，蓄势待发，把"冷板凳"坐热，待时机到来时，再大显身手。

♡ 生活本来就是不公平的

也许你没有在意，在你的生活中有多少次抱怨老天的不公平。有时，你也许真的遭遇到了某些不公平的待遇，既得利益被无端地剥夺，自己的荣誉拱手让给了他人，公平的分配却怎么也轮不到自己……于是，常见许多人处于生命低谷时一味地抱怨、苦恼，大声地哭诉着生活对自己是如此的不公，长期沉溺其中不能自拔，终日被泪水和无奈的情绪包围着。仔细想来，抱怨、折磨自己又有何用？只能徒增痛苦，让自己坠落得更深、更惨罢了！

人生如海，潮起潮落，既有春风得意、马蹄潇潇、高潮迭起的快乐，又有万念俱灰、惆怅莫然的凄苦。

面对生活，有很多事情不能如己所愿，别人得到了幸运你却与机会擦肩而过，别人获得了成功你却陷入困境，别人一帆风顺你却遭遇不幸……于是，你感叹生活是如此的刻薄，命运是如此的不公。其实，当你有这样感叹的时候，你已经把自己命运的掌控权交了出去。

如果把人生的旅途描绘成图，那一定是高低起伏的曲线，它可比呆板的直线丰富多了。

威尔逊先生是一位成功的商业家，他从一个普普通通的事务所小职员做起，经过多年的奋斗，终于拥有了自己的公司、办公楼，并且受到了人们的尊敬。

有一天，威尔逊先生从他的办公楼走出来，刚走到街上，就听见身后传来"嗒嗒嗒"的声音，那是盲人用竹竿敲打地面的声响。威尔逊先生愣了一下，缓缓地转过身。

那盲人感觉到前面有人，连忙打起精神，上前说道："尊敬的先生，您一定发现我是一个可怜的盲人，能不能占用您一点点时间呢？"

威尔逊先生说："我要去会见一个重要的客户，你有什么事就快说吧。"

盲人在一个包里摸索了半天，掏出一个打火机，放到威尔逊先生的手里，说："先生，这个打火机只卖一美元，这可是最好的打火机啊。"

威尔逊先生听了，叹口气，把手伸进西服口袋，掏出一张钞票递给盲人："我不抽烟，但我愿意帮助你。这个打火机，也许我可以送给开电梯的小伙子。"

盲人用手摸了一下那张钞票，竟然是一百美元！他用颤抖的手反复抚摸这钱，嘴里连连感激着："您是我遇见过的最慷慨的先生！仁慈的富人啊，我为您祈祷！上帝保佑您！"

威尔逊先生笑了笑，正准备走，盲人拉住他，又喋喋不休地说："您不知道，我并不是一生下来就瞎的。都是23年前布尔顿的那次事故！太可怕了！"

威尔逊先生一震，问道："你是在那次化工厂爆炸中失明的吗？"

盲人仿佛遇见了知音，兴奋得连连点头："是啊是啊，您也知道？这也难怪，那次光炸死的人就有93个，伤的人有好几百，可是头条新闻哪！"

盲人想用自己的遭遇打动对方，争取多得到一些钱，他可怜巴巴地说了下来："我真可怜啊！到处流浪、孤苦伶仃，吃了上顿没下顿，死了都没人知道！"他越说越激动："您不知道当时的情况，火一下子冒了出来！仿佛是从地狱中冒出来的！逃命的人群都挤在一起，我好不容易冲到门口，可一个大个子在我身后大喊：'让我先出去！我还年轻，我不想死！'他把我推倒了，踩着我的身体跑了出去！我失去了知觉，等我醒来，就成了瞎子，命运真不公平啊！"

威尔逊先生冷冷地道："事实恐怕不是这样吧？你说反了。"

盲人一惊，用空洞的眼睛呆呆地对着威尔逊先生。

威尔逊先生一字一顿地说："我当时也在布尔顿化工厂当工人，是你从我的身上踏过去的！你长得比我高大，你说的那句话，我永远都忘不了！"

盲人站了好长时间，突然一把抓住威尔逊先生，爆发出一阵大笑："这就是命运啊！不公平的命运！你在里面，现在出人头地了，我跑了出去，却成了一个没有用的瞎子！"

威尔逊先生用力推开盲人的手，举起了手中一根精致的棕榈手杖，平静地说："你知道吗？我也是一个瞎子。你相信命运，可是我不信。"

同是不幸的遭遇或失败，有人只能以乞讨混日子为生，有人却能出人头地，这绝非命运的安排，而在于个人奋斗与否。

面对自己的不幸，屈服于命运，自卑于命运，并企图以此博取别人的同情，这样的人只能躺在不幸中哀鸣。

失败并不意味着失去一切，靠自己的奋斗也可以消除自卑的阴影，赢得尊重。

确实，世界总是不公平的，没有必要去抱怨。

你大可不必为自己的点点得失而大喊不公，应该正视现实，承认生活确实是不公平的。

承认生活并不公平这一事实的一个好处，便是它激励我们去尽己所能，而不再自我伤感。我们知道让每件事情完美并不是"生活的使命"，而是我们自己对生活的挑战。承认这一事实也会让我们不再为他人遗憾，每个人在成长、面对现实、做种种决定的过程中都有各自不同的能力和难题，每个人都有感到成了牺牲品或遭到不公正对待的时候。

承认生活并不公平这一事实并不意味我们不必尽己所能去改善生活，去改变整个世界。恰恰相反，它正表明我们应该这样做。当我们没有意识到或不承认生活并不公平时，我们往往怜悯他人也怜悯自己，而怜悯自然是一种于事无补的失败情绪，它只能令人感觉现在比过去更糟。

♥ 抱怨起不到任何作用

生活中许多失业者，都有一个共同的特点，那就是充满了抱怨。失业的痛苦困扰他们的身心，使他们觉得自己仿佛被命运挤到墙角（其实是他们自己走到了命运的墙角），因此只有通过抱怨来平衡自己。然而，这种抱怨的行为恰好说明他们遭遇的处境是咎由自取。

季某是北京一名牌大学的毕业生，能说会道，各方面表现都不同凡响。他在一家私营企业工作2年了，虽然业绩很好，为公司立下了汗马功劳，可就是得不到老板的提升。

季某心里有些不舒畅，常常感叹老板没有眼力。一日，和同事喝酒时季某发起了感慨："想我自到公司以来，努力认真，试图在事业上有所成就，我为公司联系了那么多的客户，业绩也很不错。虽然兢兢业业，成就人所共知，但是却没人重视、无人欣赏。"

世上没有不透风的墙，本来老板准备提升季某为业务部经理。得知季某之言，心里不是滋味，后来放弃了提升他。季某之所以得不到老板的提升，就在于他不了解老板的心理，只是一味地从自己的利益出发，抱怨老板没有识人之"能"。

抱怨是无济于事的，只有通过努力才能改善处境。人往往就是在克服困难的过程中，形成了高尚的品格。相反，那些常常抱怨的人，终其一生，也无法产生真正的勇气、坚毅的性格，自然也就无法取得任何成就。不妨假想一下，你喜欢与那些抱怨不已的人为伍，还是与那些乐于助人、充满善意、值得信赖的人一起共事呢？哪一种同事更受欢迎呢？

有时候，在工作和生活之中，碰到一些并非我们职责范围内的工作，只要我们站在公司的立场上，为公司着想，而不是置身事外，采取观望态度。那么，我们做出的努力将会得到回报。在现实中，我们难免要遭遇挫折与不公正待遇，每当这时，有些人往往会产生不满，不满通常会引起牢骚，希望以此引起更多人的同情，吸引别人的注意力。从心理角度上讲，这是一种正常的心理自卫行为。但这种自卫行为同时也是许多老板心中的痛，牢骚、抱怨会削弱员工的责任心，降低员工的工作积极性，这几乎是所有老板一致的看法。

许多公司管理者对这种抱怨都十分困扰。一位老板说："许多职员总是在想着自己'要什么'；抱怨公司没有给自己什么，却没有认真反思自己所做的努力和付出够不够。"

对于管理者来说，牢骚和抱怨最致命的危害是滋生是非，影响公司的凝聚力，造成机构内部彼此猜疑，涣散团队士气，因此他们时刻都对公司里的"抱怨者"有着十二分的警惕。

爱抱怨的人很少积极想办法去解决问题，不认为主动独立完成工作是自己的责任，却将诉苦和抱怨视为理所当然。其实这样的抱怨毫无意义，至多不过是暂时的发泄，结果什么也得不到，甚至会失去更多的东西。一个将自己的头脑装满了过去时态的人是无法容纳未来的。聪明的做法是停止计较过去，不要对自己所遭遇的不公正待遇耿耿于怀。

现在一些刚刚从学校毕业的年轻人，由于缺乏工作经验，无法被委以重任，工作自然也不是他们所想象的那样体面。然而，当老板要求他去做应该负责的工作时，他就开始抱怨起来："我被雇来不是要做这种活的。""为什么让我做而不是别人？"对工作就丧失了起码的责任心，不愿意投入全部力量，敷衍塞责，得过且过，将工作做得粗陋不堪。长此以往，嘲弄、吹毛求疵、抱怨和批评的恶习，将他们卓越的才华和创造性的智慧悉数吞噬，使之根本无法独立工作，成为没有任何价值的员工。

一个人一旦被抱怨束缚，不尽心尽力，应付工作，在任何单位里都是自毁前程。中软国际副总裁林惠春说："抱怨是失败的借口，是逃避责任的理由。这样的人没有胸怀，很难担当大任。"

抱怨和嘲弄是慵懒、懦弱无能的最好诠释，它像幽灵一样到处游荡扰人不安。如果你想有所作为，如果你想让自己变得优秀，不妨在遇到不公，或是心情郁闷想要发泄时，多问一下自己"我抱怨什么？有什么可值得我去抱怨的"，然后平静地将答案告诉自己。

♡ 优秀的人都不抱怨

优秀的人之所以优秀，就在于他们能承受磨难，而不是抱怨磨难。最好的才干诞生于烈焰，诞生于砺石之上的磨炼。奥里森·马登说："磨难并不是我们的仇人，而是我们的恩人。正是磨难使我们奋力前行的力量得以增强。这就好像那些橡树，经过千百次暴风雨的洗礼，非但不会折断，反而愈见挺拔。在克里米亚的一场战争中，有一枚炮弹毁灭了一座美丽的花园，弹坑却流出泉水，成了一眼著名的喷泉。这对经历磨难的人而言不啻是一个谶语。"

许多人不到穷途末路的境地，就不会发现自己的力量，而灾祸的折磨反而使他们发现真我。磨难也是一样，它犹如凿子和锤子，能够把生命雕琢出力与美来。磨难会激发人的潜力，唤醒沉睡着的雄狮，引人走上成功的道路，如同河蚌能将体内的泥沙化成珍珠一样。

牢狱生活能唤起真正的勇士心中沉睡的火焰。在马德里的监狱里，塞万提斯写出了著名的《堂吉诃德》；《鲁滨逊漂流记》一书诞生在牢狱中；一部《圣游记》也诞生在贝德福德的监狱中；瓦尔德•罗利爵士那著名的《世界历史》，也是在他被困监狱的13年当中写成的。马丁•路德被监禁的时候，把《圣经》译成德文。另外，但丁在他被放逐的20年中，仍然孜孜不倦地创作；约瑟尝尽了地坑和暗牢的痛苦，终于做到了埃及的宰相。

塞万提斯在监狱里穷困潦倒，甚至连稿纸也无力购买，只好在小块的皮革上写作。有人劝一位富裕的西班牙人来资助他，可是那位富翁却答道："上帝禁止我去接济他的生活，他唯因贫穷才使世界富有。"

音乐家贝多芬在两耳失聪、穷困潦倒之时，创作了最伟大的乐章。席勒病魔缠身15年，却在这一时期写就了最辉煌的著作。弥尔顿就是在他双目失明、贫困交加之时，写出了他最著名的作品。也许正是因为如此，有人甚至说："如果可能，我宁愿祈祷更多的磨难降临到我的身上。"

一个年轻人，原来家境非常贫寒，常被那些家境富裕的同学取笑。在同学们的讥笑中，他立志要做出一番轰轰烈烈的事业来。后来，这个青年果然取得了成功。他说，自己在上学时受到的各种讥笑是对他最好的磨砺。

近于绝望的境地最能激发人潜伏着的力量；没有这种经历，人们便难以显露真正的力量。很多成功人士都把自己所取得的成就归功于生理的障碍和奋斗的苦难。有人说，如果没有那障碍与苦难的刺激，他们也许只会发掘出他们1%的才能。足够的刺激可以使这一比例扩大5倍以上。

恩格斯说，不幸是一所伟大的学校。此话极深刻。世界上只有一种不幸比任何不幸都不幸，那就是一辈子从未遇到过不幸。尽管谁都不愿意遇到逆境，但能让人变得聪明、成熟一点的办法只能是挫折、逆境，而不是其他。因此，你确实应该把逆境当作上天的恩赐，愉快地接受。到你老了的时候，莫说平庸的日子难于回忆得起，就是那些鲜花似海和掌声如雷的岁月也远没有遭受的挫折更值得回味。不信你看，说书唱戏哪个讲的不是困难、问题、挫折、斗争呢？四平八稳，一壶白开水肯定会乏味的。

 ## 情绪排毒　心理按摩的5种方法

生活中，人们常被一些不愉快的事情所困扰，而心理按摩，是驱走不快、除却困扰的良好方法。通过心理按摩，可以远离抱怨、增进身心健康。

心理按摩的方法很多，简单易行的有以下几种。

1.幽默

幽默能驱走烦恼，使痛苦变成欢乐，使尴尬变为融洽。家庭中有了幽默，便有了欢乐和幸福；夫妻间有了幽默，便能相知相契。幽默是生活的味精，心理健康不可缺少幽默。

2.逗笑

一笑解千愁。笑是心理健康的润滑剂，是生活的一种艺术，它有利于消除心理疲劳，有利于活跃生活气氛。生活中有了笑声，就有了美的呼吸。在亲友们心情不快之时，你不妨逗他一笑；自身产生苦恼时，你不妨想件亲历的趣事引发一笑。

3.听歌

古今中外都有音乐能疗疾之说。音乐可以陶冶情操，人可从音乐中获得力量。听歌不仅是一种美的享受，它还能调节人的情绪。每当心情沮丧之时，不妨听一曲你喜爱的歌，让它把你带入另一天地。

4.赏花

花草是美的象征，以眼赏花是用心灵的窗户进行心理按摩的好方法。置身花木之中，以花为伴，与花交友，顿使人心舒气爽，忘却心中不快，仿佛你的心中也会开出五彩鲜花来。为了赏花之便，你不妨在阳台或室内育几株花，视为伙伴。

5.自娱

尽管现代娱乐生活五花八门。但它们无法代替自娱。家庭中，时不时开展一些娱乐活动，便能活跃家庭气氛，丰富家庭生活，密切老幼关系，增加友爱。这样，亲人之间就多了互敬互爱，少了口角纠纷。

心理按摩，简易可行，但真正做到也不容易。要真能做到，它的功效远远超过体育运动和健康食品的摄入。美国加州"心术研究所"执行主任德博拉•罗斯爱博士说："一个人每天可以慢跑5公里和摄取各种健康食品，但同亲属或同事发生一次争吵就能毁掉他几天生活的质量。"

心理健康重于生理健康。应学会心理按摩，以提高我们的生活质量。

第三篇
如何整理情绪

　　俗话说："吃饭欢乐，胜似吃药。"说的就是良好的情绪能促进食欲，有利于消化。心不爽，则气不顺；气不顺，则病易生。难怪有的生理学家把情绪称为"生命的指挥棒""健康的寒暑表"。许多医学专家认为，良好的情绪本身就是良医，人体85％的疾病可以自我控制。只要心情愉快，神经放松，余下的15％也不全靠医生，病人的情绪和精神状态是个不可忽视的重要因素。所以，每个人都应保持好情绪，整理坏情绪，培养自己愉快的心情，调控自己的情绪，提高适应环境的能力。

第九章
释放身体中的负能量

💗 找个没人的地方，尽情宣泄

以色列谚语说："人不能只靠面包过活，你的心灵需要比面包更有营养的东西。"你有多久没有唱歌，没有到大自然中走一走，没有读诗了呢？

每天忙忙碌碌工作的人，并不见得就不能洒脱。关键是要在忙中求闲，苦中见乐，紧张中求轻松。

或许，在某一个夏日的午后，你一觉醒来突然发现，由钢筋水泥簇拥而起的高楼将狭长的影子倾覆在熙熙攘攘的街道上，空中纵横的电线密如蛛网，偶尔栖落的几只可爱的小麻雀，远远望去，如活蹦乱跳的音符，透过喧嚣，竟给人一种恬淡澈明的美妙。

在这样一个美丽的午后，你何不走出去，走进大自然，在没人的地方尽情宣泄、释放自己？

抬头看看天，看看苍穹云卷云舒，你会发现，你的心灵从来没有这么惬意过！看看头顶上的那片天，浮云逍遥地飘在广阔的苍穹，似奔马，似群羊，似高山，似游丝。好白的云，好美的云，就在我们的头顶上，悄然无声地上演着一幕幕精彩绝伦的剧目。

你肯定会慨叹：生活中原来有这么美的天空，生活中原来有这么美的云彩！可是，为什么你的步履总是那么匆匆，你的鞋子总是蒙着一层细土？你的心遗忘在何处了？你的眼睛在追逐着什么？你为什么从来没有发现头顶上这片可供心灵散步的青天？

仔细阅读头顶上的这片天吧，你的答案就在其中，天上的云彩，最能明白你水一般的心境！

所以《菜根谭》中很有闲情雅致地写道："宠辱不惊，闲看庭前花开花落；去留无意，漫随天外云卷云舒。"这确实是一种很不错的境界呀！

传说古代有个大力神，他的力量来自大地，一旦他的双脚离开了大地，他便会失去力量，轻而易举地被打败。我们也一样，人本身属于大自然，大自然能给人一种灵性，让人感到亲近和放松，一旦长时间"久在樊笼里，不得返自然"，就会让人产生空虚与寂寞的感觉。

长期生活在都市中，缺少与自然亲近的机会，不妨抽时间到外面走走，张开双臂，投入大自然的怀抱。大自然如同一位慈祥的母亲，她会静静地听你诉说生活的烦恼，安慰你那受伤的心灵。置身大自然中，走在绿树成荫的山间小路上，望着那大自然造就的奇石怪状，听着叮咚的泉水声，以及那清脆的鸟鸣声，让人感到如同置身世外桃源，心中的种种不快，也随着那缭绕的云雾慢慢散去。漫步海滨，一望无垠的大海，波涛汹涌的海面，让人顿生几分豪气。通过旅游，既可以领略祖国的秀美山川，又可以遍访历史的足迹，缅怀古人，从而既放松了心情，又让自己的心灵受到洗礼。

　　大自然的魅力在于它巨大的生命力。越是原始的地方，我们越能感觉到生命力的强大。大自然的神奇，可以让人真切体会到生命的渺小和珍贵；大自然的美丽，可以让人体会到人生的美好。所以，生活中当你感到烦闷时，不妨背起行囊，一个人独自去游山玩水，到大自然中放逐自己。

　　置身大自然，漫步山水间，任我心自由自在地驰骋，让人在物我两忘的意境中，将天地万物置于空灵之中。这是何等快意、何等无拘无束的心境啊！罗素曾经说过："我们的生命是大地生命的一部分，就像所有动植物一样，我们也从大地上吸取营养。"当你走进大自然，投入它那宽广的胸怀时，大自然的一草一木似乎都有灵性，都会抚慰你受伤的心灵。

　　一位诗人说："在这个喧嚣的世界里，有许多事情真的并不比抬头看天更重要。如果你我有缘相聚在心灵的天空，就请和我站到一起，让我指给你看吧——你我心灵的天空上，开着那么多上帝来不及采摘的花朵。"

♡ 痛痛快快地放声大哭一次

　　每个人来到世界上的第一刻，都伴随着一声响亮的啼哭。这哭声代表了一个新生命的诞生，一个鲜活的开始。也许哭是我们人类表达感情最独特的方式之一。人们总说"男儿有泪不轻弹"，其实压抑久了，痛痛快快地哭一次，比我们强压自己的痛苦更接近真实的内心。

　　为了在复杂的社会上打拼出属于自己的立足之地，我们不得不放弃与生俱来的很多东西，比如小孩子的简单透明、率性而为；比如痛痛快快地流一次泪，不再背叛自己的内心。平日里我们负累如此之多，每天不管是工作还是生活，我们都要面对形形色色的人群，并且要沟通交流，很大程度上我们都需要冠冕堂皇的面具，这有时是我们生存的悲哀，大部分人都是如此欺人和自欺。偶尔你放松或放纵时，会突然为自己此时此刻的变脸而感到害怕和尴尬。

明明很讨厌这个势利的领导，难以忍受他那张笑里藏刀的脸，却偏偏要装出很尊重他的样子笑脸相迎；明明觉得这份工作会埋没自己的才华，像蛀虫那般将如缎似锦的青春咬得百孔千疮，却偏偏还是要每日按时上班再苦苦地熬到下班；明明压力大到夜夜失眠，苦于如何解决生活中工作中的种种难题，却偏偏还要装得活力四射、踌躇满志，仿佛天下没有自己解决不了的事；明明内心有着千般愁万般痛，那里面是自己对理想的坚持、现实的妥协以及灵魂的苦苦挣扎，汇成了千言万语、万语千言，到头来不过也只是化作几个字——说不出、不想说。因为没人会懂自己。内心的寂寞和自我封闭是溶在血液中烂进骨头里的，却偏偏还要装出嘻嘻哈哈、合人合群的样子。

想想看，你有多少个"明明"，就有多少个"偏偏"，也就有多少个假面具。可是，你知道，面具原来是有根有须的，戴得太久了，那些根须就会扎进肉里，成为你脸的一部分，永远都摘不下来。到最后，你的脸和别人的脸有什么区别？你的心和别人的心又有什么区别？

向现实妥协了那么多，还不算，就连哭泣也要遭到压制。本来已经十分伤心了，却还要强忍住满眼的泪水。

可是，你为什么不能哭？哭泣是我们的本能，是我们来到这个世界的见证。为什么要活得那么累？为什么要那么在乎那些不相干的人和事？为什么不大大方方地流一次眼泪，管它什么场合、什么规矩？谁没有做过小孩，又有哪个小孩不是想哭就哭，虽然任性却最是真情真意。

不要担心哭过之后的后果。没有人会觉得你是脆弱的，或是虚伪的，因为你只是表现出了自己最真实的一面而已，甚至恰恰做了他们也想做的事。那些真正爱你的人只会从你的眼泪和抽噎中，生发出更多对你的关爱和疼惜，就像心疼孩童时代那个偶尔任性的你。至于那些不爱你的人，又何必去在意他们怎么想。

如果你累了、倦了、痛了、想哭了，那就大方地放声哭一次。咸涩的眼泪会溶解掉那些虚伪的面具，痛快的号啕能够冲破现实的藩篱。它会帮助你释放出所有的毒素，不管是心理上的还是身体上的。我们有时需要这种自我调整，不要再背叛自己自然的心意，想表达什么，找个时间实现它。即使你是一个在人前风光无限高高在上的领导，或者一向坚强不被打倒的强人，都需要一种发泄，一种不伪装自己、不为难自己的真实。

♡ 关掉手机和ipad，好好休息

我们的生活节奏随着时代的发展越来越快，也让我们渐渐失去了喘息和休息的时间。时间对于我们来说过得飞快，脑海中全部被数字时间占据，慌乱中想到还有好多事情没有做完。然后我们就不住地打量手表，指针规律地"滴答滴答"走着，被现代生活奴役的我们也被时间催促着、逼迫着向前赶。马路上，车水马龙，人们焦灼地等待着红绿灯由红变绿，又由绿变红。迈开大步流星的步子，似乎每一个步子要迈多大都经过了时间的计算，机械得如同手表上的指针。

有时你是否会发现，自己变成了时间的奴隶，戴好手表是出门前必须做的事，如果哪天忘记了或者手表坏掉了，你这一整天都会过得烦躁而焦虑。还有一样东西，也是你的出门必备，那就是手机。准确地说，不只是出门，在家的时候，不也是把手机放在伸手可及的地方吗？手机一响，你便立刻进入了"备战"状态，即便是在半夜。上司又突然给你安排工作任务了，同事是不是把你当成了"便利贴"，朋友是不是又叫你陪他去做这做那？是，你是一个好人，你很愿意去帮助别人。可是事实上，你也有好多好多的事情要做，你也会觉得忙不过来透不过气，你也需要身体的休息、心灵的放松！那么，当有一天你厌倦了这些接踵而来的事情，很想好好地休息一下时，就对自己好一点，干脆扔掉手表，关掉手机和iPad，"消失"一天吧。不要担心别人找不到你，事情就没法完成。要知道，这个世界少了谁，地球都照样转。

关上所有能让你洞察到时间流逝的装备，安安静静地等待时间的流走，踏踏实实地做你该做的，不要着急去看时间，阻断外界的纷纷扰扰，让这一整天的时间完全属于你自己，在这一整天的时间里，你想做什么都可以，只要能让你彻底地放松下来，你所做的一切都是有意义的。

不想出门，不想去忍受嘈杂的人声车鸣，那就待在自己的小窝，享受做一天宅男宅女的自由自在。早上终于可以睡到自然醒了，伸个大大的懒腰，算是向阳光问好。不用在脸上涂脂抹粉，让皮肤自由地呼吸，也不需要西装革履地搭载公车，带着微笑环顾一下你生活的环境，再泡上一杯喜欢喝的咖啡或者清茶，慵懒地躺在沙发上，看看电视、看看书，真是自在又惬意。晚上不用参加什么舞会，也不需要为了应酬而假装豪迈，做个面膜，便可以早早地上床睡觉了，连这夜的梦都比往日来得更轻盈。

或者，你也可以到郊外去走走，换个环境有助于舒缓工作压力和人际压力。没有呼朋引伴的喧嚣，没有顾此失彼的担心，没有必须应酬的人，没有不得不做的事……总之，此时此刻你就是你自己，想笑就笑，想哭就哭，绝对真实、绝对轻松。

躺在郊外的草地上，大自然的虫鸣鸟叫是最美丽的乐章，还有草的清香、阳光的温暖将伴你小憩片刻。大自然会以她博大的胸怀接受你的抱怨和委屈，倾听你的烦恼和压力，然后以其自然的美，让你的脸在不知不觉中绽放出最美丽的微笑。其实我们每一个人的笑容又何尝不是大自然里的一朵花。

再或者，去逛逛街也不错，是时候好好地慰劳一下自己了。去试一件全新风格的衣服，不要害怕改变，改变有时候能带来奇迹。不盲目冲动，也不要犹豫不决，适合自己的才是最好的，而适时改变自己则是必须的。或者换个发型。有研究表明，当你心情沮丧的时候，一个新的发型能够改善人的心境。看着镜子中不一样的自己，自然眼前一亮，心情大好。让改变成为这一天的主题词，明天将会是全新的一天！

在这一天里，你可以尽情地让自己开心，做自己想做的事情，不去想那些每天都围绕在自己身边的事情。这一天，你只有你自己，还有属于你自己的世界。

♡ 与法师对坐，听人生开示

　　总是会听到很多人抱怨自己的不自由。的确，现代社会中，人们往往是被工作、生活、名利束缚着，被压力困扰着，自己的内心却难得清静和放松。但是，真正的自由是来自内心的。内心安宁的人，无论在哪儿，无论面对什么样的处境都是自由的。当你感到不自由时，请寻找一种让自己内心安宁的方式吧，找个山上的寺庙，去认真地听法师开示，也许一切的愁云都会烟消云散了。

　　不可能我们每个人都有自己的宗教信仰，也许，有时候很多人不相信宗教里的各种言说，但是，法师的言说里有着让我们浮躁的情绪沉淀下来的东西。有这样一个故事：有一个人心情不佳，倒了一杯茶，又倒了一杯酒，一起放在桌上。看着桌上的茶和酒，他迟疑着不知要喝哪一杯才好。他心里想：心情不好时候应该喝酒，因为喝了酒，一醉解千愁，正可沉沉睡去。但是随即又想：心情不好时应该喝茶，因为喝了茶，人清醒了，可以观照情绪的起伏，情绪一清明，烦恼自然就消散了。

　　在远离尘嚣的山上，环境清幽如泉水，人的内心自然就会少一些不安。另外法师的开示，也许不像听名人的激励性质的报告那样热烈，也许它就像那杯茶一样，在被慢慢泡开后，舒展清透，让人在大得大失、大盛大衰面前，依然保持着一份淡然的心境。

　　月满则亏，水满则溢，否极泰来，盛极必衰，人生自古皆然。因此，大可不必盛喜衰悲，得喜失悲。

　　法师的开示或许会给迷茫中的自己指点出方向，给杂乱的心灵一股清泉，让心底澄澈，耳清目明。

💟 心灵的垃圾果断清扫掉

有形垃圾容易处理，无形的垃圾最难处理。什么是真正的垃圾呢？怨、恨、恼、怒、烦，这才是真正心灵的垃圾，只要你清扫扔掉心灵的垃圾，你就能得到幸福和快乐。

《王阳明心学智慧》里记载了这样一个故事：有一个名叫杨茂的人，他是个聋哑人，阳明先生不懂得手语，只好跟他用笔谈，阳明先生首先问："你的耳朵能听到是非吗？"答："不能，因为我是个聋子。"问："你的嘴巴能够讲是非吗？"答："不能，因为我是个哑巴。"又问："那你的心知道是非吗？"但见杨茂高兴得不得了，指天画地回答："能！能！能！"

于是阳明先生就对他说："你的耳朵不能听是非，省了多少闲是非；口不能说是非，又省了多少闲是非；你的心知道是非就够了。"倒是有许多人，耳能听是非，口能说是非，眼能见是非，心还未必知道是非呢！

我们有很多的是非，都是听来的，人家的第一句话，就叫你暴跳如雷，第二句话就叫你泪流成河，那人家岂不成了导演，而我们也就当了演员。还有很多的是非都是说出来的，所谓"病从口入，祸从口出"。哪怕两片薄薄的嘴唇，都会把人间搞得乌烟瘴气，鸡犬不宁。可见很多的是非都是听来的，都是说出来的。

你痛苦是因为你太执著，看不开、也放不下，自然把自己给绑死而不得解脱，若能看开了、放下了，就不至于如此。

如何创造幸福人生呢？之所以用创造而不用追求，因为创造主权在我，要，就可以得到；而追求，往外追、往外求，万一追不到，求不得，烦恼还是要来的。

所以幸福靠创造，而不靠追求。快乐幸福才是真的，学问大、名位高、财富多，也是为了快乐。假如钱很多很多而不快乐，那宁可不要钱。假使你拥有了一切，而丧失了自己，那是非常痛苦的，这叫本末倒置，舍本逐末，效果不彰。所以快乐、幸福非常重要。

快乐是要自己快乐，让别人来分享你的快乐。

时光飞逝，但我们不能让自己的心境变老。当年惊世骇俗的麦当娜在40岁时有过一番惊人之论。她表示说虽然生理年龄40岁了，但是她却认为自己必须减5岁，实际上是35岁才对！

她的理由有四个：当年与西恩潘的婚姻，可说是有一整年是浪费掉的，因此必须减去一岁。她与女喜剧演员珊德拉·班哈特为争女儿而翻脸，因此两年的友情算是空白，又要减两岁。接下来是她曾经演出过大烂片《赤裸惊情》，所以这一年也不能算。最后是演出《狄克崔西》时与华伦比提的恋爱谣传，那一年等于是浪费她的生命，因此必须要减掉那一年。

如此推算下来，果然她要减掉5岁！真的可以理直气壮地再年轻一次了！

想想看，你是否也有些岁月是浪费掉，需要重过的？花了五年时间爱错了一个男人？减掉五岁吧！因为失恋而消沉了一年？减掉一岁！花了两年时间做了一个不喜欢的工作，减掉两岁！这样算下来，你是不是又年轻了几岁？时间对你再也不是压力了！你是不是又可以重新尝试崭新的生活？你是不是又有勇气另起炉灶了？

时间是供我们垂钓的溪流，在这条溪流中，我们想要抓住星星、月亮还是鱼群、水草，完全掌握在我们的手中。汩汩的河水流逝了，年轻的心境却永远不会磨损。

蒙田说："我宁愿有一个短促的老年，也不愿在我尚未进入老年期就老了。"

好好掌握自己的生命，运用减岁哲学可以使你的心灵永远不会衰老，永远有机会重新开始！

♡ 你怕什么，怕就会输一辈子

恐惧是一种全球性的恶劣情绪，它到处压迫着人们。

有很多人已经意识到社会的发展变化太快了，我们没有充分的时间适应这种变化。面对生活，每个人都会产生某种恐惧。我们恐惧没有钱，恐惧没有出路，恐惧没有人理解，总之恐惧有很多，但主要有7种：

（1）恐惧贫穷；

（2）恐惧批评；

（3）恐惧健康不佳；

（4）恐惧失去爱；

（5）恐惧失去自由；

（6）恐惧年老；

（7）恐惧死亡。

恐惧的理由有无数种，但最可怕的是对贫穷和衰老的恐惧。我们把自己的身体当做奴隶一般来驱使，因为我们对贫穷十分恐惧，所以，我们希望积聚金钱以备年老之需。这种普遍的恐惧给我们造成很大的压力，促使身体过度劳累，反而给我们带来了极力要避免的困惑。

当一个人刚刚达到生命旅程中的第四十个年头——达到这个年龄之后，他才算刚刚心理成熟——却又不断压迫自己，这真是一大悲剧。一个人到40岁时，只是刚刚进入一个能够看清楚、了解及吸收大自然奥秘的年龄而已。大自然的奥秘是写在森林、潺潺小溪及男女老少的脸孔上的。然而，这种惧怕的恐惧感却对他压迫得如此厉害，以至于使他变得盲目并迷失在各种冲突与欲望的纠缠中。

我们必须了解我们的恐惧中，有很多是年幼时，当某种价值观受到威胁后所产生的后遗症。

"害怕被拒绝"的恐惧，可以归咎于小时候所受到的批评。这些批评则来自父母、亲戚或教师，而最严重的是我们同辈伙伴的批评。这些批评把我们和错误联结在一起。我们不妨联想一番，幼年时期，如果我们犯错误或失败时，父母的反应是什么？是"坏孩子""淘气鬼""再不乖，就赶你出去"，还是"不听话就把你卖给坏人"？

父母一时无心的责备，无意中等于给孩子的行为贴上了标签。然而不幸的是，孩子对自己的行为并无认识能力，于是造成了行为与观念的混淆，导致心理不安的后果。

入学后，玩伴又会给你取些绰号："大头""四腿田鸡""糊涂虫""竹竿""雀斑""胖子""暴牙"……

一个人上了大学或进入了社会，情况并未改善，这时经常被别人批评："无聊""刻薄""呆板""假认真""顽固""粗野""虚伪""激进派"……在充满挫折、消极的绰号以及各种批评的环境中长大的孩子，通常会成为吹毛求疵的成年人，缺乏足够的自尊。"害怕被拒绝"的恐惧因此成为"害怕变化"。他们随波逐流，追求与社会制度相匹配的安全与地位，不敢"轻举妄动"。"害怕变化"最后变为"害怕成功"。在我看来，"害怕成功"和"害怕被拒绝"是同出一辙。

"害怕成功"之所以充斥在我们的社会中，原因在于我们小时候所受的教育。婴儿一直被抚抱，接着孩子开始知道，有许多事情是做不好的，许多事情是不应当去做的。孩子从电视中看到，演员在戏中互殴、厮杀、破坏别人的生活等等。但每当节目终了，一切也就恢复正常了。这种种变化在孩子心中都印下深刻的痕迹。

在所有这些令人泄气的现象中，还有一种现代流行的反常行动，父母在子女年幼时，因为工作的缘故，无法尽心照顾爱护子女，因此在父母心中产生了强烈的内疚，他们往往用金钱来弥补自己的不安，借此换取孩子的爱。他们还对孩子做了微妙的暗示和提醒："既然我们对你的前途做了这些重大的牺牲，你将来一定要好好干，一定要胜过别人，绝对不能失败。"

这些使孩子产生了"害怕失败"的后遗症，甚至对任何尝试都恐惧。它的特点就是拼命为自己做合理的解释以及尽量地拖延。"我无法想象自己获得成功。""我按照他们通知的，在早上8点30分就去应征，但我到了那儿，应征的队伍已经排满了半条街道，所以，我就离开了。""我很愿意做这件工作，但是我没有足够的经验……""我会把那件事办妥的，只要我有充分的时间……在我退休之后。"

大多数人都了解，只要运用想象力，就能发挥创造力。他们都曾经阅读过一些伟人传记，这些伟人本来也都是普通人，他们都是克服重大的缺点与障碍之后，才成为伟大的人物。但他们却无法想象这种情形会发生在自己身上。他们使自己安于平凡或失败，并在希望与嫉妒中度过一生。他们养成了回顾过去的习惯（加强了失败的意念）；并且幻想同样的情形会再出现（预测失败）。他们受制于别人所订下的标准，因此经常把目标放得高不可及。他们既不相信梦想能够真正实现，也未充分准备有所成就，因此，他们一次又一次地失败了。

失败已固定在他们的自我心态中。就在事情似乎已有突破或真正有进展的时候，他们却把它弄砸了。事实上，对成功的恐惧感，使他们拖延了成功所必需的准备工作以及创造的行为。而为失败找出合理解释，正好可以满足这种微妙的感觉："如果你们也经历了我的遭遇，你们也不会有进展的。"

因此，我们现在对生活的恐惧是由于早期没有受到信心的鼓励，这种恐惧不克服就会严重影响我们今天的发展，在恐惧所控制的地方，是不可能达成任何有价值的成就的。有一位哲学家写道："恐惧是意志的地牢，它跑进里面，躲藏起来，企图在里面隐居。恐惧带来迷信，而迷信是一把短剑，伪善者用它来刺杀灵魂。"所以一个人要改变自己，首先就要克服恐惧，肯定自己。

怎样消除恐惧？

（1）你要进行自我激励，不断地在内心里对自己说：没什么可恐惧的，我一定可以做好。

自我激励就是鼓舞自己作出抉择并且付出行动。激励能够提供内在动力，例如本能、热情、情绪、习惯、态度或者想法，能够使人行动起来。

（2）行动起来，用事实克服恐惧。很多事情没有做的时候，常常会感到恐惧，一旦做起来，就不会恐惧了。特别是事情做成功了，就可以克服恐惧，树立起信心。

（3）把事情的最坏结果想象出来，如果最坏的结果你能够承受，那么就没有必要恐惧了。比如，下岗了，又能怎么样？我还可以有基本生活保障，不至于活不下去。我可以干自己能够干的事情。

♡ 不能改变就学会适应它

有这样一个人，小时候，他和几个朋友在一间荒废的老木屋的阁楼上玩。在从阁楼往下跳的时候，他的左手食指上的戒指勾住了一根钉子，把整根手指拉掉了。当时他疼死了，也吓坏了。等手好了以后，他没有烦恼，接受了这个本可避免的事实。现在，他几乎根本就不会去想自己的左手只有四个手指头。

荷兰首都阿姆斯特丹一间15世纪的教堂废墟上刻着这样一行字："事情是这样，就不会是别的样子。"

下面是哲学家威廉·詹姆斯所给的忠告："要乐于承认事情就是如此。能够接受发生的事实，就是能克服随之而来的任何不幸的第一步。"俄勒冈州的伊莉莎白·康黎经过许多困难，终于学到了这一点。

"在庆祝美军在北非获胜的那天，我被告知我的侄子在战场上失踪了。后来，我又被告知，他已经死了……我悲伤得无以复加。在此之前，我一直觉得生活很美好。我热爱自己的工作，又费劲带大了这个侄子。在我看来，他代表了年轻人美好的一切。我觉得我以前的努力正在丰收……现在，我整个世界都粉碎了，觉得再也没有什么值得我活下去了。我无法接受这个事实，我悲伤过度，决定放弃工作，离开家乡，把我自己藏在眼泪和悔恨之中。

　　"就在我清理桌子，准备辞职的时候，突然看到一封我已经忘了的信——几年前我母亲去世后这个侄子寄来的信。那信上说：'当然，我们都会怀念她，尤其是你。不过我知道你会支撑过去的。我永远也不会忘记那些你教我的美丽的真理，永远都会记得你教我要微笑。要像一个男子汉，承受一切发生的事情。'

　　"我把那封信读了一遍又一遍，觉得他似乎就在我身边，仿佛对我说：'你为什么不照你教给我的办法去做呢？支撑下去，不论发生什么事情，把你个人的悲伤藏在微笑下，继续过下去。'

　　"于是，我一再对自己说：'事情到了这个地步。我没有能力去改变它，不过我能够像他所希望的那样继续活下去。'我把所有的思想和精力都用于工作，我写信给前方的士兵——给别人的儿子们；晚上，我参加了成人教育班——找出新的兴趣，结交新的朋友。我不再为已经永远过去的那些事而悲伤。现在的生活比过去更充实、更完整。"

　　已故的英国国王乔治五世，在他的白金汉宫的房间里记着下面这几句话："教我不要为月亮哭泣，也不要因事后悔。"叔本华也说："能够顺从，就是你在踏上人生旅途中最重要的一件事。"

　　显然，环境本身并不能使我们快乐或不快乐，而我们对周围环境的反应才能决定我们的感觉。

　　必要时，我们都能忍受灾难和悲剧，甚至战胜它们。我们内在的力量坚强得惊人，只要我们肯加以利用，它就能帮助我们克服一切。

已故的美国小说家布斯·塔金顿总是说："人生的任何事情，我都能忍受，只除了一样，就是瞎眼。那是我永远也无法忍受的。"然而，在他六十多岁的时候，他的视力减退，一只眼几乎全瞎了，另一只眼也快瞎了。他最害怕的事终于发生了。

塔金顿对此有什么反应呢？他自己也没想到他还能过得非常开心，甚至还能运用他的幽默感。当那些最大的黑斑从他眼前晃过时，他却说："嘿，又是老黑斑爷爷来了，不知道今天这么好的天气，它要到哪里去？"

塔金顿完全失明后，他说："我发现我能承受视力的丧失，就像一个人能承受别的事情一样。要是我五个感官全丧失了，我也知道我还能继续生活在我的思想里。"

为了恢复视力，塔金顿在一年之内做了12次手术，为他动手术的就是当地的眼科医生。他知道自己无法逃避，所以唯一能减轻受苦的办法，就是爽爽快快地去接受现实。他拒绝住在单人病房，而是住进大病房，和其他病人在一起。他努力让大家开心。动手术时他尽力让自己去想他是多么幸运。"多好呀，现代科技的发展，已经能够为像人眼这么纤细的东西做手术了。"

一般人如果要忍受12次以上的手术和不见天日的生活，恐怕都会变成疯子。可是这件事教会塔金顿如何忍受，这件事使他了解，生命所能带给他的，没有一样是他能力所不及而不能忍受的。

我们不可能改变那些不可避免的事实，可是我们可以改变自己。要在负面情绪毁了你之前，先改掉消极的习惯，告诉自己："适应不可避免的情况。"

情绪排毒　恢复充沛精力的4个场合

你要经常注意自己是否活力充沛，因为一切情绪都来自于你的身体，如果你觉得有些情绪溢出常轨，那就自我反省一下吧。

一个保持活力的绝佳方法就是要保持精力充沛。怎样才能做到这一点呢？我们都知道每天的身体活动都会消耗掉我们的精力，因而我们需要适度休息，以补充失去的精力。请问你一天睡几个小时呢？如果你一般都得睡上8~10个小时的话，很可能有些多了，根据研究调查，大部分的人一天睡6~7个小时就足够了。还有一个跟大家看法相反的发现，就是静坐并不能保存精力，这也就是为什么坐着也会觉得疲倦的原因。要想有精力，我们就必须"动"才行。研究发现，我们越是运动就越能产生精力，因为这样才能使大量的氧气进入身体，使所有的器官都活动起来。唯有身体健康才能产生活力，有活力才能应付生活中各种各样的问题。

由此可知，我们一定要好好培养出活力，这样才能控制生活里的各样情绪。

保持蓬勃朝气也并不是在公众场合装装样子，而透支心力体力，留下一身疲惫。你要以科学的方法调整身心，随时令人感到你的充沛精力与敏捷思维。以下各场合恢复充沛精力的技巧值得参考：

1.在家中

清晨旭日东升，在阳光下散步、慢跑或倒走一刻钟，此时的太阳光射进视网膜，能阻止身体分泌一种令人昏昏欲睡的荷尔蒙，使你情绪饱满，精神焕发。

冲一个淋浴，而且水温不要太高，不要洗热水泡浴，那会使你睡意更浓。

淋浴时引吭高歌或者放些轻快的音乐，因为音乐能唤醒你的右半脑，使你情绪高涨。

上班前选择一套漂亮的外出装，对镜整装能唤起自信。适时化上较鲜亮的彩妆，以彩色心情迎接一天的工作。化了妆的颜面特别能给人不一样的感觉和心情，显示出对生活的热爱。

当家务缠身感觉疲惫时，不妨丢开一切、做自己喜欢的事，比如翻相册。写信给老友，出去买一件新衣服，等心情转好再列出计划完成家务。

2.在办公室

调校灯光，强弱适中的光和恰当的光源有助你集中思想，从头顶射下的高强度灯光可能会引起偏头痛，别忘了在工作间隙做做深呼吸，以吸入更多氧气。

减少噪音干扰，电脑发出的高频率信号有损于你的精力，因此当你不用电脑或暂时离开办公室时就把电脑关掉。配戴耳塞也是一种有效的方法。

伏案工作时间过长，不妨打一两个呵欠，打呵欠能帮助新鲜血液加速流向大脑，从而起到提神醒脑的作用，或者伸伸懒腰，调整一下姿势，以避免肩周炎之类的职业病。

如果你的工作过于刻板，可尝试作些改变，在工作程序上作些变动以加快效率。

可适当调整办公室的布置，给人面貌一新之感，也可在办公室放置相框、喜欢的盆栽、油画或励志格言，使环境温馨，并能从容应付具有挑战性的工作。

3.体操锻炼

感到精神不振时散步片刻，10分钟轻快的散步会使后来的两小时内精力充沛。

如果你正在执行一套完整的锻炼计划，每周应有一天休息以恢复体力。

以舒缓松弛的太极、瑜伽功代替快节奏的健身操。

大量的运动后不适合再干重复的工作，而应充分地休息调整。

4.晚间睡觉

确定睡眠休息时间早晚的上限和下限，如11点半至晨6时，避免养成睡懒觉的习惯。

睡眠不足是精神萎靡的重要原因，提前半小时入睡，两周下来等于多睡一晚。

白天小睡片刻有助于身体更好地调整和恢复。

避免吃得过饱后立刻睡觉，消化困难会影响睡眠，应尽量在饭后2小时才入睡。

现代化快节奏的生活，不仅需要你的刻苦耐劳、聪明机智，还要求你具有旺盛的精力。萎靡不振的姿态不仅会使自己显得信心不足，也会使单位同仁及上司难以看到你积极向上的一面，以致影响事业发展。

第十章
做一个有热度的人

♥ 你热情，世界将报之以热情

　　成功是一种选择，情绪也是一种选择。不一样的选择会有不一样的结果。

　　你选择心情愉快，你得到的也是愉快，呈现在别人面前的也是一副快乐的形象。你选择心情不愉快，你得到的也是不愉快，当然留给别人的也是一副不快乐的形象，甚至是悲观形象。我们都愿意快乐，不愿意不快乐。既然这样，我们为什么不选择愉快的心情呢？毕竟，我们无法控制每一件事情，但我们可以选择自己的心情。

　　卡耐基把热情称为"内心的神"。他说："一个人成功的因素很多，而居于这些因素之首的就是热情。没有热情，无论你有多强的能力，都无法发挥出来。"

　　热情，不仅仅是指对待别人的一种态度，它在更高一层意义上指的是一种人生力量。著名的心理学家曼狄诺指出：热情是一种精神特质，代表一种积极的精神力量，这种力量不是凝固不变的，而是不稳定的。不同的人，热情程度与表达方式不一样；同一个人，在不同情况下，热情程度与表达方式也不一样。但总的来说，热情是人人具有的，善加利用，可以使之转化为巨大的能量。你热情，世界将报你以热情。

成功总是偶然性与必然性结合的产物，而背后作为支撑的却是一份对事业持久不懈的追求的热情，这种热情也正是它独有的高出众人的素质。

要想把自己变得积极起来，完全取决于你自己。在充满竞争的职场里，在以成败论英雄的工作中，谁能自始至终陪伴你、鼓励你、帮助你呢？不是老板，不是同事，不是下属，也不是朋友，他们都不能做到这一点。唯有你自己才能激励自己更好地迎接每一次挑战，也唯有你的热情才能把你推向成功的彼岸。

一位微软的招聘官员曾对一个记者说：

"从人力资源的角度讲，我们愿意招的'微软人'，他首先应是一个非常有激情的人：对公司有激情、对技术有激情、对工作有激情。可能在一个具体的工作岗位上，他在这个行业涉猎不深，年纪也不大，但是他有激情，和他谈完之后，你会受到感染，愿意给他一个机会。"

热情不能只是表面功夫，必须发自一个人的内心，若假装也不可能持续多久。产生持久的方法之一是订出一个目标，努力工作去达到这个目标，而在达到这个目标之后，再订出另一目标，再努力去达成。这样做可以提供兴奋和挑战，如此就可以帮助一个人维持热情。

有位女大学生说她是通过热情赢得工作的。她从秘书学校毕业出来，想找一份医药秘书的工作，由于她缺少这方面的工作经验，面试了好几次都没有成功，她就开始运用热情原则。在她去面试的途中，她给自己打气说："我要得到这个工作。"她说，"我懂这个工作。我是一个勤快而自律的人，我能够做好这个工作。医生将会视我为不可缺少的人。"在去办公室途中，她一再对自己重复这些话，她充满信心地走进办公室，并且热忱地回答医生的问题，医生也就雇用了她。几个月以后医生告诉她，当他看到她的申请上列着没有任何经验的时候，他决定不用她，只是想给她一次礼貌的谈话而已，但是她的热情使他觉得应该试用她看看。她把热情带进了工作，从而成了一名很好的医药秘书。

麦克阿瑟在南太平洋指挥盟军的时候，办公室墙上挂着一块牌子，上面写着这样一段座右铭：

你有信仰就年轻，疑惑就年老；

你有自信就年轻，畏惧就年老；

你有希望就年轻，绝望就年老；

岁月使你衰老，但是失去了热情，就损伤了灵魂。

这是对热情最好的赞词。培养发挥热情的特性，我们就可以对我们所做的每件事情加上了火花和趣味。

一个内心充满热情的人，不论是在挖土，或者经营大公司都会认为自己的工作是一项神圣的天职，并怀着深切的兴趣。对自己的工作充满热情的人，不论工作有多么困难，或需要多大的训练，始终会用不急不躁的态度去进行。只要抱着这种态度，任何人一定会成功，一定会达到目标。爱默生说过："有史以来，没有任何一件伟大的事业不是因为热情而成功的。"事实上，这不是一段单纯而美丽的话语，而是迈向成功之路的指标。

因为，对工作热情，是一切希望成功的人——像创造杰作的艺术家、网络工作人员、图书馆管理员，以及追求家庭幸福的人——必须具备的条件。

💗 将来的你，会感谢现在努力的自己

有那么多人没有确定目标和抱负，没有规划良好的人生计划，而只是一天天地得过且过，持有这种人生态度的，不要说取得全面的成功，即便是想取得某一领域的成功也是不可能的。

我们随处都可以看到这样一些年轻人，他们只是毫无目标地随波逐流，既没有固定的方向，也不知道停靠在何方，他们在浑浑噩噩中虚度了多少宝贵的光阴，荒废了多少青春的岁月。他们做任何事时都不知道其意义所在，他们只是被裹挟在拥挤的人流中被动前进。如果你问他们中的一个人打算做什么，他的抱负是什么，他会告诉你，他自己也不知道到底要去做什么。他只是在那儿漫无目的地等待机会，希望以此来改变生活。

怎么可能指望一个在生活中没有目标的人到达某个目的地呢？怎么可能指望这样的人不处在混沌和迷惘当中呢？

从来没有听说过有什么懒惰闲散、好逸恶劳的人曾经取得多大的成就。只有那些在达到目标的过程中面对阻碍全力拼搏的人，有可能达到全面成功的巅峰，才有可能走到时代的前列。正如一句话说的："将来的你，一定会感谢现在努力的自己。"

对于那些从来不尝试着接受新的挑战，那些无法迫使自己去从事

对自己最有利，却显得艰辛繁重的工作的人来说，他们是永远不可能有太大成就的。

任何人都应该对自己有严格的要求。他不能一有机会就无所事事地打发时光；他不能放任自己清晨赖在床上，直到想起来为止；他也不能只在感到有工作的心情时才去工作，而必须学会控制和调节自己的情绪，不管是处于什么样的心境，都应当强迫自己去工作。

绝大多数胸无大志的人之所以失败，是因为他们太懒惰了，因而根本不可能取得成功。他们不愿意从事含辛茹苦的工作，不愿意付出代价，不愿意作出必要的努力。他们希望的只是过一种安逸的生活，尽情地享受现有的一切。在他们看来，为什么要去拼命地奋斗、不断地流血流汗呢？何不享受生活并安于现状呢？

身体上的懒惰懈怠、精神上的彷徨冷漠、对一切放任自流的倾向、总想回避挑战而过一种一劳永逸的生活的心理，所有这一切就是使那么多人默默无闻、无所成就的重要原因。

对那些不甘于平庸的人来说，养成时刻检视自己抱负的习惯，并永远保持高昂的斗志，这是完全必要的。要知道，一切都取决于我们的抱负。一旦它变得苍白无力，所有的生活标准都会随之降低。我们必须让理想的灯塔永远点燃，并使之闪烁出熠熠的光芒。

如果一个人胸无大志，游戏人生，那是非常危险的。

当一个人服用了过量的吗啡时，医生知道这时候睡眠对他来说就意味着死亡，因而会想方设法让他保持清醒。有的时候，为了达到这个目的而必须采用一些非常残忍的手段，比如使劲地捏、掐病人，或者是对他进行重击，总之，必须用一切可能的手段来驱逐睡魔。在这种情况下，一个人的意志力就起着决定性的作用，一旦他意志消沉，陷入睡眠，那么他很可能再也不会醒过来了。

雄心抱负通常在我们很小的时候就初露锋芒。如果我们不仔细倾听它的声音，如果它在我们身上潜伏很多年之后一直没有得到任何鼓励，那么，它就会逐渐地停止萌动。原因很简单，就跟许多其他没被使用的品质或功能一样，当它们被弃置不用时，它们也就不可避免地趋于退化或消失了。

这是自然界的一条定律，只有那些被经常使用的东西，才能长久地焕发生命力。一旦我们停止使用我们的肌肉、大脑或某种能力，退化就自然而然地发生了，而我们原先所具有的能量也就在不知不觉中离开了我们。

如果你没有去注意倾听心灵深处"努力向上"的呼声，如果你不给自己的抱负时时鞭策加油，如果你不通过精力充沛的实践有效地对其进行强化，那么，它很快就会萎缩死亡。

没有得到及时支持和强化的抱负就像是一个拖延的决议。随着愿望和激情一次次地被否定，它要求被认同的呼声也越来越微弱，最终的结果就是理想和抱负的彻底消亡。

在我们周围的人群中，这种抱负消亡、理想灭失的人数不胜数。尽管他们的外表看来与常人无异，但实际上曾经一度在他们的心灵深处燃烧的热情之火现在已经熄灭了，取而代之的是无边无际的黑暗。他们在这块大地上行走，却仿佛只是没有灵魂的行尸走肉。他们的生活也就变得毫无意义。不管是对他们自己还是对这个世界，他们的存在都变得毫无价值。

如果说在这个世界上存在着一些可怜卑微的人的话，那么毫无疑问，那些抱负消亡的人是属于其中的一类——他们一再地否定和压制内心深处要求前进和奋发的呐喊，由于缺乏足够的燃料，他们身上的理想之火已经熄灭了。

对于任何人来说，不管他现在的处境是多么恶劣，或者先天的条件是多么糟糕，只要他保持了高昂的斗志，热情之火仍然在熊熊燃烧，那么他就是大有希望的；但是，如果他颓废消极，心如死灰，那么，人生的锋芒和锐气也就消失殆尽了。

在我们的生活中，最大的挑战之一就是如何保持对生活的激情，远离茫然无目的的生活，坚定明确的奋斗目标，永远让炽热的火焰燃烧，并且保持这种高昂的境界。

然而，有许多人往往以这种想法从心理上欺骗自己、麻醉自己。他们天真地认为，只要自己有乐观向上、期盼着实现自己的理想和抱负的想法，他们实际上就已经达到了目标。但是，这种光说不做，或者做起事来拖泥带水的人，实际上只是在内心里担心成功的幻想被拿到现实中去检验。

他们的等待一方面是打算多享受一会儿"可能成功"的幻想，另一方面是想有可能天降大运，自然功成。然而，天上只下过风雪雨雹，从来没掉过馅饼和大运。

理想和抱负是需要由众多的不同种类的养料来进行滋养的，这样才能使之蓬勃常新。

空虚的、不切实际的抱负没有任何意义。只有在坚强的意志力、坚韧不拔的决心、充沛的体力，以及顽强的忍耐力的支撑下，我们的理想和抱负才会变得切实有效。

♥ 凡事讲尺度分寸，恰到好处

健康和幸福一直是人们追求的美好理想，但是无数的偏方、验方、秘方、仙方试过了，无数的滋补品、营养品、保健品都用过了，都收效甚微，或者适得其反。为什么物质丰富了，吃穿不愁了，生活小康了，各种慢性病反而增多了，各种怪毛病也越来越多了呢？许多人即使没有得病，身体也是处于"亚健康"的状态，破解这一难题的秘诀是什么呢？那就是古人说的"适者有寿"。

这个"适"就是指适度适中，恰到好处，不偏不倚。凡事都有个度，如吃饭这个基本的生存条件，也要适度、适中才好。民以食为天，不吃饭人要饿死。但吃得太多、太好，也是健康长寿的大忌。

中医有句老话："若要身体安，三分饥和寒。"美国科学家做过这样的实验，100只猴子随它吃饱，另外100只猴子吃七八分饱，定量供应。结果随便敞开吃饱的这100只猴子10年下来，胖猴多、脂肪肝多、冠心病多、高血压多、死得多，100只猴子死了50只；另外100只吃七八分饱的猴子，苗条、健康，精神好得多，很少生病，100只猴子十年养下来才死了12只。

"适"字不仅对我们的身体健康有用，而且对我们为人处世也一样有用。因为世间万物，大到治国，小到烹鱼，莫不是一个需要掌握好"度"的问题。喝酒过度就会伤身体、伤和气，说话过度就会言多必失，谦虚过度就会流于虚伪，热情过度让人心里不踏实，勤奋过度是透支生命，志气过度只是好高骛远……把握好了这些"度"，则身心健康，事事顺心。反之，则物极必反，得不偿失。

体育运动对身心健康是肯定有好处的，能增强人的体质，防止疾病的发生，但如果运动过量了的话，就会对身体造成不必要的伤害；家长望子成龙的心情是好的，但如果都拼命地让自己的孩子学这学那，结果只能让孩子失去学习的兴趣；还有，补品虽好，但补得过多，不但没有好处，反而会引起身体的一些不良反应。

所谓"度"是一定事物保持自己质和量的限度，任何度的两端都存在着极限或界限，而超出这个范围，事物的性质就发生了变化。比如水的沸点是100度，凝固点是0度。在0~100度这个范围内，水就是水。过了这个度，水要么变成了水蒸汽，要么变成了冰。做事情就是这个道理，过多、过度、过滥就会将好事变成坏事。

太平天国初期，天王洪秀全与杨秀清、石达开等几个王同甘共苦、同心同德，打得清军闻风而逃，很快占据了半壁江山。可惜这么大的势力，说垮一下子就垮下来了，失败的原因很多，其中很重要的一条就是洪秀全封王过度。他在南京建立政权后，滥封王位，今天给张三封王，明天给李四晋爵，封王竟达2 700余人。有2 700多位王，就得建2 700多座王府，每个王府都得配备许多人员。冗员众多，全靠老百姓养着，实在是劳民伤财。最关键的是，这些多如牛毛的王拥兵自重、各自为政，其战斗力远不如当初的那几个王，严重削弱了太平军的战斗力，因此失败是在所难免的。

楚国辞赋家宋玉在《登徒子好色赋》中描写了东邻之女的美："增之一分则太长，减之一分则太短，着粉则太白，施朱则太赤。"这段话说明了恰到好处才是美，而过度或不及都不美。也说明了万事万物都有一个极点，如果超过了这个度，就只能走向事情相反的那一面。难怪古今中外的仁者、智者、贤人、哲人们无不重视对"度"的把握。马克思主义哲学中的辩证唯物主义讲量变到质变，儒学讲究不偏不倚的中庸之道，老子主张顺其自然，佛学谈心理平衡，达尔文谈适者生存……最妙的一句话是一个不知名的人说的："过失，过失，一过就失；过错，过错，一过就错。"

佛祖下山游说佛法，在一家店铺里看到一尊释迦牟尼像，青铜所铸，形体逼真，神态安然，佛祖大悦：若能带回寺里，供奉起来，真乃一件幸事。可店铺老板要价5 000元，分文不能少。

佛祖回到寺里对众僧谈起此事，众僧问佛祖打算以多少钱买下它。佛祖说："500元足矣。"众僧歆歙不止："那怎么可能？"佛祖说："天理犹存，当有办法，万丈红尘，芸芸众生，欲壑难填，得不偿失啊，我佛祖慈悲，普度众生，就让他仅仅挣到这500元！""怎样点化他呢？"众僧不解地问。"让他忏悔。"佛祖笑答。众僧更不解了。佛祖说："只管按我的吩咐去做就行了。"

第一个弟子下山去店铺和老板砍价，弟子咬定4 500元，未果回山。第二天，第二个弟子下山去和老板砍价，咬定4 000元不放，亦未果回山。就这样，直到最后一个弟子在第九天下山时所给的价钱已经低到了200元。眼见着一个个买主一天天下去、一个比一个给得低，老板很是着急，每一天他都后悔不如以前一天的价格卖给前一个人了，他深深地怨责自己太贪。到第10天时，他在心里说："今天若再有人来，无论给多少钱我也要立即出手。

第十天，佛祖亲自下山，说要出500元买下它，老板高兴得不得了——价格竟然涨到了500元！当即出手，高兴之余另赠佛祖龛台一具。佛祖得到了那尊铜像，谢绝了龛台，单掌作揖笑曰："欲望无边，凡事有度，一切当适可而止啊！善哉，善哉……"

福不要享尽，势力不要使尽，话不要说尽，事不要做尽，心机不要用尽、好处不要捞尽……总之，做事不要走到尽头，否则，事物就会走向反面。这是一个不以人的意志为转移的大自然法则。

一般人的心态是随着自己心情的喜怒哀乐而波涛汹涌、上下起伏的，而不生气则是"不以物喜，不以己悲"，不因环境的变化而患得患失。它能使人心情轻松平和，也能让人长久保持一种豁达、平静、自然、理性的境界。因此，为人处世要做到"适度"两字，首先要有一种平常的心态。具体来说，要做到这么几点：

1.不卑不亢做人

不同品行的人，做人的态度也不一样。溜须拍马的人表现为卑躬屈膝，刚直不阿的人则表现为不卑不亢。溜须拍马、投人所好，兴许能一时讨人欢喜，可以密切一下彼此的关系，但那是不牢靠的，久而久之必被识破。而不卑不亢、光明磊落之人，最终能得到人们的尊重。

2.不歪不斜立身

"其身正，不令而行；其身不正，虽令不从。"将孔子的这句话用在人际交往上就是，一个人通过塑造自身形象，便可以影响别人，使人在潜移默化中按照你的意愿去行事；一个立身不正的人，一个品行不端、恶贯满盈的人，是没有人愿意与之相处的。只有堂堂正正地立身处世，才能使友谊地久天长。

3.不偏不倚办事

做任何事情都不能偏心，偏心就会遭人恨。不少人却往往忽视了这一点，他们在有些问题上喜欢拿原则做交易，放弃原则当"好人"，原以为这样就可以拉上几个朋友。殊不知，这样做只能适得其反。因为讨好了一小部分人，必将得罪大多数人，这不是因小失大、得不偿失吗？到头来只会是搬起石头砸自己的脚。所以，在人际交往中，办事要公平，讲大局，讲原则，既不偏袒这一方，又不倚向那一方。

4.不亲不疏交友

随着社会生活节奏的加快，人们的交际领域和交际方式也在不断地拓展和改变，以往那种交际范围相对固定、对象相对稳定的社交格局逐渐被交际的复杂化所代替。每个人要与同事、同学、亲戚、朋友、邻居等形形色色的人打交道。要与这些人和谐相处，就必须要把握好分寸，既不能对某个人过分亲密，又不能对有些人过分疏远。"多个朋友多条路，多个冤家多道墙"，不亲不疏的交友之道能让自己多几个朋友、少几个冤家。

欲速则不达、贪多嚼不烂、过犹不及，这些耳熟能详的词语，强调的都是一个"度"的问题。讲求"适度"虽然不利于个性的发挥和张扬，但在为人处世中，把握好"分寸"也就是"度"又是十分重要的，这决定着人们对你的看法，影响着你周围的人事环境，进而决定着你事业的成功与失败。看来，凡事要适度是做人做事的方略，也是维系幸福的法宝。

用信念支撑起前行的动力

世界很残酷，我们要内心强大。在做人做事方面，应当有高标准，提高自信心，并且执著地相信必能成功，信念会使你战胜困难。

在"运气"这个词的前面应该再加上一个词，就是"勇气"。相信运气可支配个人命运的人，总是在等待着什么奇迹的出现。而那些相信自己的人，就会依据个人心态的趋向为自己的未来不断努力。

依赖运气的人们常常满腹牢骚，只是一味地期待着机遇的到来。至于获得成功的人，他觉得只有信念能左右命运，因此他只相信自己的信念。

在别人看来不可能的事，如果当事人能下意识地认为"可能"，也就是相信可能做到的话，事情就会按照那个信念的强度如何，而从潜在意识中激发出极大的力量来。这时，即使表面看来不可能的事，也能够做到了。

蜘蛛会在两檐之间结一张很大的网。难道蜘蛛会飞？要不，从这个檐头到那个檐头，中间有一丈余宽，第一根线是怎么拉过去的？仔细观察你会发现蜘蛛走了许多弯路——从一个檐头起，打结，顺墙而下，一步一步向前爬，小心翼翼，翘起尾部，不让丝沾到地面的沙石或别的物体上，走过空地，再爬上对面的檐头，高度差不多了，再把丝收紧，以后也是如此。

蜘蛛不会飞翔，但它能够把网结在半空中。它是勤奋、敏感、沉默而坚韧的昆虫，它的网制得精巧而规矩，八卦形地张开，仿佛得到神助，其实，这是信念的力量。信念是一种无坚不催的力量，当你坚信自己能成功时，你必能成功。

一支探险队进入撒哈拉沙漠的某个地区，在茫茫的沙海里跋涉。阳光下，漫天飞舞的风沙像炒红的铁砂一般，扑打着探险队员的面孔。口渴似炙，心急如焚——大家的水都没了。这时，探险队队长拿出一只水壶，说："这里还有一壶水，但穿越沙漠前，谁也不能喝。"一壶水，成了穿越沙漠的信念之源，成了求生的寄托目标。水壶在队员手中传递，那沉甸甸的感觉使队员们濒临绝望的脸上，又露出坚定的神色。终于，探险队顽强地走出了沙漠，挣脱了死神之手。大家喜极而泣，用颤抖的手拧开那壶支撑他们的精神之水——缓缓流出来的，却是满满的一壶沙子！

执著的信念，如同一粒种子，可以在人们的心底生根发芽，最终领着探险队走出了"绝境"。

一个人缺乏信念，就会陷入不安、胆怯、忧虑、嫉妒、愤怒的旋涡中。要消除这些不良情绪，只有一种解药——执著的信念。信念是世界上无所不能的武器，有了它，自信也随之而来。

♥ 相信希望总在前方等待

希望到底是什么？希望是激发我们生命激情的催化剂，是引爆我们生活潜能的导火索。

有位医生素以医术高明享誉医学界，事业蒸蒸日上。但不幸的是，就在某一天，他被诊断患有癌症。这对他不啻当头一棒。他一度情绪低落，但最终还是接受了这个事实，而且他的心态也变得更宽容，更谦和，更懂得珍惜自己拥有的一切。在勤奋工作之余，他从没有放弃与病魔搏斗。就这样，他已平安地度过了好几个年头。有人惊讶于他的事迹，就问他是什么神奇的力量在支撑着他。这位医生笑盈盈地答道：是希望。几乎每天早晨，我都给自己一个新的希望，希望我能多救治一个病人，希望我的笑容能温暖每个人。

这位医生不但医术高明，做人也达到了很高的境界。

生命是有限的，然而希望却是无限的。只要我们活着，就不要忘记每天给自己一个希望，给自己一个目标，也可以说给自己一点信心。这样，我们的生活就充满了生机和活力。只要每天都给自己一点希望，我们的生命便不会浪费在一些无谓的叹息和悲哀中。

在这个世界上，有许多事情是我们难以预料的。我们不能控制际遇，却可以掌握自己；我们无法预知未来，却可以把握现在；我们不知道自己的生命到底有多长，却可以安排我们现在的生活。

我们左右不了变化无常的天气，却可以调整自己的心情。只要活着，就有希望。

当我们的心中充满坚毅、勇气和信心时，那些束缚限制我们提升自我的因素将不复存在。

我们的生存状态并不能决定这一生的命运，真正决定我们命运的是：是否对自己有信心，是否对未来的生活充满希望。当我们以乐观积极的态度面对自己的生存状态时，我们便开启了生命的原始动力。

我们每个人来到这个世界都是被动的，我们无从选择自己的肤色，就如同我们无法选择遗传基因中的聪明与愚笨一样，但我们可以选择对人生的态度。

在美国的纽约，有一个黑肤色的小孩，望着小贩卖的气球，心中觉得很纳闷，于是他就走过去问小贩："叔叔，为什么黑色气球跟其他颜色的气球一样也会升空呢？"

小贩不懂他的意思，就反问说："嘿，小朋友，你为什么要问这个问题？"

黑人小孩回答说："因为在我的印象里，黑人象征着穷、脏、乱和无知。我看到白种人、黄种人甚至印第安人都飞黄腾达，成功致富，过着令人羡慕的生活，可是我很少看到一位黑人出人头地。所以当我看到红色气球、黄色气球、白色气球升空，我相信，可是我从来不相信黑色气球也会升空。我刚才真的看到了，它也能升空，所以我想来问问你。"

小贩理解了他的意思，告诉他："啊，小朋友，气球能不能升空，问题并不在于它的颜色，而在于内里是不是充满了氢气，只要充满了氢气的话，不管什么颜色的气球都能升空。同样地，人也是一样，一个人能不能成功跟他的肤色、性别、种族都没有关系，要看他是不是有勇气和智慧。"

正如这位小贩所说，有一天当我们心里充满了自爱、坚强、勇气、毅力这些重要的乐观因素时，那些束缚我们飞升的限制将不复存在。当我们心里充满了悲哀、自卑、自贬、愤世等悲观因素时，那些束缚就会成为真的束缚，使我们不但升不起来，还会不断沉沦。

伟大的思想家孟子曾这样说："天将降大任于斯人也，必先苦其心志，劳其筋骨，饿其体肤，空乏其身……"

生活中我们不必总是企求万事如意、好运连连。要知道，生活就如同善变的天气一样，你无法预知会发生什么，随时都会狂风大作，暴雨不断。生活中无论什么击倒了你，你必须能重新整理自己，像一个坚强的勇者，跌倒了再爬起来，去迎接新的挑战。

♥ 在逆境中保持平和的心态

唉声叹气，自叹"时运乖舛"，自认倒霉，这是一种态度。在打击和磨难面前，仅仅停留于无休止的叹息，不会帮助你改变现实，只会削弱你和厄运抗争的意志，使你在无可奈何中消极地接受现实。

痛苦绝望，自暴自弃，这也是一种态度。一遇挫折就认为自己无能，这是意志薄弱、缺乏勇气的表现，也是自甘堕落、自我毁灭的开始。用胆怯懦弱来对待挫折，实际上是帮助挫折打击自己，是在既成的失败中，又为自己制造新的失败。在既有的痛苦中，再为自己增加新的痛苦。

怨天尤人，诅咒命运，这又是一种态度。现实总归是现实，并不因为你埋怨和诅咒它而有所改变。遇到不幸的事，就恶语诅咒、怨天尤人，这是最容易的，但却是最没有用处的。埋怨和诅咒人人都会，但从埋怨和诅咒中得到好处的人却从来没有。事实上，在诅咒之中，真正受到伤害的并不是被诅咒对象，只会是诅咒者自身。

在生活中的不幸面前，有没有坚强刚毅的性格，在某种意义上说，也是区别平凡与卓越的标志之一。巴尔扎克说："苦难对于一个天才是一块垫脚石，对于能干的人是一笔财富，而对于庸人却是一个万丈深渊。"有的人在厄运和不幸面前，不屈服，不后退，不动摇，顽强地同命运抗争，因而在重重困难中冲开一条通向胜利的路，成了征服困难的英雄，掌握自己命运的主人。而有的人在生活的挫折和打击面前，垂头丧气，自暴自弃，丧失了继续前进的勇气和信心，于是成了庸人和懦夫。培根说："好的运气令人羡慕，而战胜厄运则更令人惊叹。"

生活中，人们对于那些冲破困难和阻力、经受重大挫折和打击而坚持到底的人，其敬佩程度是远在生活的幸运儿之上的。征服的困难愈大，取得的成就愈不容易，就愈能说明你是真正的英雄。当接连不断的失败使爱迪生的助手们几乎完全失去发明电灯泡的热情时，爱迪生却靠着坚韧不拔的意志，排除了来自各个方面的精神压力，经过无数次实验，终于为人类带来了光明。

在这里，爱迪生的超人之处，正在于他对挫折和失败表现出了超人的顽强刚毅精神。

性格的刚毅性是在个人的实践活动过程中逐渐发展形成的。

谁的人生没有下坡路？如果你想培养自己承受悲惨命运的能力，你就要在逆境中保持平和的心态，学着采用下列技巧：

1.下定决心坚持到底

局面越是棘手，越要努力尝试。过早地放弃努力，只会增加你的麻烦。面临严重的挫折，只有坚持下去，加倍努力和加快前进的步伐。下定决心坚持到底，并一直坚持到把事情办成。

2.不要低估问题的严重性

要现实地估计自己面临的危机，不要低估问题的严重性。否则，去改变局面时，就会感到准备不足。

3.做出最大的努力

不要畏缩不前，要使出自己全部的力量，不要担心把精力用尽。成功者面对危机时，总能做出更大的努力。他们不去考虑什么疲劳啦、筋疲力尽啦这些消极因素。

4.坚持自己的立场

一旦你下定决心要冲向前去，要像服从自己的理智一样去服从自己的直觉。顶住家人和朋友的压力，采取你所坚信的观点，坚持自己的立场。是对是错，现在就该相信你自己的判断力和智慧了。

5.生气是正常的

当不幸的环境把你推入危机之中时，生气是正常的。这时，你需要明白，一方面自己对造成这种困境负有什么责任；另一方面，你是有权利为了解决问题花了那么多时间而恼火的。

6.不要试图一下子解决所有的问题

当经历了一次严重的危机或像亲人去世这样的打击之后，在你的情绪完全恢复以前，要满足于每次只迈出一小步。不要企图当个超人，一下子解决自己所有的问题。

要挑一件力所能及的事，先把它处理好。而每一次对成功的体验都会增强你的力量和积极的观念。

7.让别人安慰你

无论局面好坏，失败者总是一味地抱怨不停。结果当危机真的来临时，人们很少会信以为真和安慰他们，因为人们已经习惯了他们的消极态度，就像那个老喊"狼来了"的孩子一样。但是，如果你是个积极的人，平时能很好地应付自己的生活，那么，在困境中，你可以放心地把自己的懊悔和恐惧告诉别人，给别人安慰你的机会，你理当得到这种支持，而且对于自己的这种请求，你完全可以感到坦然。

8.坚持尝试

克服危机的方法不是轻易就能找到的。然而，如果你坚持不懈地寻求新的出路，愿意不断尝试，你就能找到出路。要保持头脑的清醒，睁大眼睛去寻找那些在危机或困境中可能存在的机会。与其专注于灾难的深重，不如努力去寻求一线希望和可取的积极之路。即使是在混乱与灾难中，也可以形成你独到的见解，它将把你引导到一个值得一试的新的冒险之中。

💗 宽容的人拥有情绪正能量

　　拥有正面情绪的人，都有着一种宽阔的胸怀、宽容的心理。宽容就像清凉的甘露，浇灌了干涸的心灵；宽容就像温暖的壁炉，温暖了冰冷麻木的心；宽容就像不熄的火把，点燃了冰山下将要熄灭的火种；宽容就像一支魔笛，把沉睡在黑暗中的人叫醒。宽容的人，都拥有情绪的正能量。

　　德国的大文学家歌德有一次在魏玛一个公园的小路上散步。那条小路很窄，偏偏遇上了一个对他心存敌意的评论家。他们都停下来看着对方。评论家开口了："我从来不会给一个傻瓜让路。"

　　"我与您恰恰相反，您请。"说完，歌德退到一旁。

　　豁达的人在遇到困境时，除了会本能地承认事实，摆脱自我纠缠之外，他还有一种趋乐避害的思维习惯。这种趋乐避害，不是为了功利，而是为了保持情绪与心境的明亮与稳定。这也恰似哲人所言："所谓幸福的人，是只记得自己一生中满足之处的人；而所谓不幸的人，是只记得与此相反的内容的人。"每个人的满足与不满足，并没有太多的区别差异，幸福与不幸福相差的程度，却相当巨大。

　　观察分析一个心胸豁达的人，你往往会发现，他的思维习惯中有一种自嘲的倾向。这种倾向，有时会显于外表，表现为以幽默的方式摆脱困境。自嘲是一种重要的思维方式。每个人都有许多无法避免的缺陷，这是一种必然。不够豁达的人，往往拒绝承认这种必然。为了满足这种心理，他们总是紧张地抵御着任何会使这些缺陷暴露出来的外来冲击。久之，心理便变得脆弱了。一个拥有自嘲能力的人，却可以免于此患。他能主动察觉自己的弱点，他没有必要去尽力掩饰。从根本上来说，一副尴尬的局面之所以形成，只是因为它使我们感到尴尬。要摆脱尴尬，走出困境，正面的回避需要极大的努力，但自嘲却为豁达者提供了一条逃遁出去的轻而易举的途径——那些包围我的，本来就不是我的敌人。于是，尴尬或困境，就在概念上被消除了。

豁达也有程度的区别，有些人对容忍范围之内的事，会很豁达，但一旦超出某种限度，他就会突然改变，表现出完全相异的两种反应方式。最豁达的人，则具有一种游戏精神，将容忍限度扩大。

有这样一个故事。一个身经百战、出生入死，从未有畏惧之心的老将军，解甲归田后，以收藏古董为乐。一天，他在把玩最心爱的一件古瓶时，不小心差点脱手，吓出一身冷汗，他突然若有所悟："为什么当年我出生入死，从无畏惧，现在怎么会吓出一身冷汗？"片刻后，他悟通了——因为我迷恋它，才会有患得患失之心，破了这种迷恋，就没有东西能伤害我了，遂将古瓶掷碎于地。

豁达者的游戏精神，即是如此。既然他把一切视为一种游戏，尽管他同样会满怀热情，尽心尽力地去投入，但他真正欣赏的，只是做这件事的过程，而不是目的——游戏的乐趣在于过程之中。那么，他也就解除了得失之心的困扰。

美国总统林肯在组织内阁时，所选任的阁员各有不同的个性：有勇于任事、屡建功勋的军人史坦顿，有严厉的西华德，有冷静善思的蔡斯，有坚定不移的卡梅隆，但林肯却能使各个性格绝对不同的阁员互相合作。正是因为林肯有宽宏的度量，能舍己从人，乐于与人为善。尤其是史坦顿，那种倔强的态度，如在常人，几乎不能容忍，唯有林肯过人的心胸，使得他驾驭阁员指挥自如，使每个阁员都能为国效忠。

成功的上司总是豁达大度，决不会因下属的礼貌不周或偶有冒犯而滥用权威。所以作为上司，应该有宽恕下属的大度，这样才更能赢得下属的拥戴。

有一次，柏林空军军官俱乐部举行盛宴，招待有名的空战英雄乌戴特将军，一名年轻士兵被派替将军斟酒。由于过于紧张，士兵竟将酒淋到将军那光秃秃的头上去了。周围的人顿时都怔住了，那闯祸的士兵则僵直地立正，准备接受将军的责罚。但是，将军没有拍案大怒，他用餐巾抹了抹头，不仅宽恕了士兵，还幽默地说："老弟，你以为这种疗法对治疗脱发有效吗？"这样，全场人的紧张气氛都被一扫而光。

据说一位店主的年轻帮工总是迟到，并且每次都以手表出了毛病作为理由。于是那位店主对他说："恐怕你得换一块手表了，否则我将换一位帮工。"这话软中带硬，既保住了对方的面子，又严厉地指出了对方的过失，这样比较易于让对方接受。

作为一个领导者，必须有大度的心胸。在你的下属中，可能有各种各样性格的人，各人的处世方式、工作能力都不相同，这就需要你有宽阔的心胸。

♡ 好情绪塑造好的家庭气氛

如果家里的人脾气都好，不会乱发脾气，那么整个家庭就会其乐融融。如果家里有一个或者两个人脾气不好，时不时地大喊大叫，甚至乱砸东西，家里一定是鸡飞狗跳。

曾经有一位著名作家见到了托尔斯泰，对托尔斯泰说："先生，您真幸福，您所喜爱的东西，您都拥有了。"

托尔斯泰平和地回答他："并不是我所喜爱的东西我都拥有了，而是我拥有的东西我都喜爱。"

托尔斯泰有句名言："幸福的家庭都是相似的，不幸的家庭各有各的不幸。"

要创造良好的家庭氛围，首先必须加强夫妻双方的共同心理修养，做到互敬、互爱、互信、互帮、互慰、互勉、互让、互谅。夫妻之间要经常进行情感沟通，彼此相敬如宾，恩恩爱爱，相依为伴，使家庭成为生活中平静的港湾，在家里能得到鼓励，得到关心，得到欢乐，让家庭生活充满生气，充满绚丽的色彩。

读过西方哲学的人，大多知道尼采的一句名言："你到女人那里去吗？别忘了，带上你的鞭子！"这条给男人世界带来无限风光的鞭子，同时也给无数的妇女和儿童带来一片凄风苦雨。家庭是人们心灵的港湾，情感的驿站，一旦充满了暴力，港湾将不再宁静，驿站也不再祥和。中国古代在夫妻关系上一直强调婚姻是合两性之好，夫妻间举案齐眉、相敬如宾一直是受到人们称赞的。《诗经·小雅·常棣》上说："妻子好合，如鼓瑟琴。"夫妻应如琴瑟一样相互和谐，共同演奏生活的乐章。

无礼，是侵蚀爱情的祸水。当我们对别人彬彬有礼的时候，我们很容易对自己亲近的人无礼。我们不会想到要阻止陌生人说："哎哟，你又要讲那旧故事了吗？"我们不会未经许可而拆朋友的信，或窥探他们私人的秘密。而只有对家中的人，对最亲近的人，我们才敢因为他们的小错而侮辱他们。狄克斯曾说："那是一件惊人的事，但唯一真实地对我们说出刻薄、侮辱、伤感情的话的人，都是我们自己的家人。"

家庭礼仪仿佛是婚姻中的营养剂，它能带来加分的效果。丹姆罗希与夫人一直过着幸福的生活。"除了慎重选择自己的伴侣外，"丹姆罗希夫人说，"我以为结婚后的礼貌是最重要的。年轻的妻子们对她们的丈夫应该像对刚见面的人一样有礼！无论哪一个男人都要逃避一个泼妇的口舌。"

结婚、组成家庭这个理由，虽然足以说明自己是如何爱对方，但却不能够让对方受用一辈子。人们往往有点痴狂，喜欢有人不时肯定他们的行为，尤其是女士。通常，男士们比较容易知道自己的定位。假如他们工作表现不好，上司很快就会提醒他们；假如他们做成了一笔大生意，也很快就会晋升、加薪或在同事之间得到表扬。但女士们便不同了。她们更看中生命中的另一半肯定她。家人的感谢和赞美是女士最看重的唯一奖励。当你拥有一个舒适的家庭，有情爱、有乐趣，食物也可口……这些都来自于你温暖的家庭。所以，我们更需要时时全心全意地感谢对方，赞美对方。

适时的赞赏是储蓄感情的良方。大凡有矛盾的家庭，都是表扬严重不足的。正因为表扬的欠缺，才会常常自我表扬。自我表扬在女士身上，又往往以絮叨这种表现形式为开始，在男士的沉默或暴躁中结束；男士的自我表扬多闷在心里，急了时会千言万语归为一句话："我还不是为了这个家！"

表扬，不是人事鉴定，更多是一种感受性的东西，是对对方价值和付出的肯定、认可和尊重，可以起到"良言一句三冬暖"的效果，化怨气为力气。仅在心里记着对方的好处是没用的，还得表现在口头上，落实在行动中。要记住，如果你想赞赏对方，任何小事都会有闪光之处。

人人都把家看成自由的港湾，爱说什么就说什么。在单位，领导是万万不能得罪的，同事也是一团和气地你好我好他也好，客户更是得罪不起的。憋了一天，回到家终于可以彻底放松了，脾气也就上来了。但很少有人想到，最影响你生活质量的恰恰是身边的那个人，最不能伤害的也是你的另一半。要知道，爱、恨多由小事生。寻常夫妻吵架就像小虫啃噬树根一样，吵多了，伤人的话难免会说出口，天长日久会影响夫妻感情。

学会倾听，对男士尤为重要。女人爱唠叨，那是天性。其实她在说今天谁如何如何了，工作不顺心了、菜价涨了、交通堵了、天要下雨了，都是一种表达惯性，只要你给个耳朵听，做出认真听并思考的样子就行了。多数时候，女性要的是一种"你关心我"的态度，而不是你提供的答案。这是一个感情体贴与否的问题。日本的一项调查发现，大凡爱听妻子唠叨的家庭，夫妻和睦，且妻子大都身体健康（调查没说丈夫是否健康）。聪明的丈夫会在认真听（起码是显得认真）之后，适时地发出"嗯""啊""唉""是吗"等回应，然后巧妙地引出别的话题或吃饭看电视，于是天下太平。

最有效的交流，应该是让你的话进入对方的心。虽说是"良药苦口利于病"，但心理学早就证明，人在接受负面信息时会产生自我防卫心理。说话者认为是真理的东西，到了听话者耳中就变了味儿。聪明的做法是，把苦口的良药包上糖衣喂给对方。

夫妻之间可以讨论，但不能争论。争论是人际关系的一个陷阱，在争论中是没有赢家的，对夫妻来说更是如此。

三毛说："家就是一个人在点着一盏灯等你。"

当你受伤的时候，当你孤立无助的时候，当你一无所有的时候，别忘了，回家吧，家会轻轻抚平你的创伤，家会用真情温暖你孤独的心。漂泊良久，你会发现，唯有家才是你最忠实的港湾，唯有家才是你可以停靠的码头。

 ## 情绪排毒　保持心理健康的11种方法

著名心理健康专家乔治·斯蒂芬森博士总结出11种保持心理健康的方法，可供参考：

（1）当苦恼时，找你信任的，谈得来的，同时头脑也较冷静的知心朋友倾心交谈，将心中的忧闷及时发泄出来，以免积压成疾。

（2）遇到较大的刺激，或遭到挫折、失败而陷入自我烦闷状态时，最好暂时离开你所面临的环境，转移一下注意力，暂时回避以便恢复心理上的平静，将心灵上的创伤填平。

（3）当情感遭到激烈震荡时，宜将情感转移到其他活动上去，忘我地去干一件你喜欢干的事，如写字、打球等，从而将你心中的苦闷、烦恼、愤怒、忧愁、焦虑等情感转移、替换掉。

（4）对人谦让，自我表现要适度，有时要学会当配角和后台工作人员。

（5）多替别人着想，多做好事，可使你心安理得，心满意足。

（6）做一件事要善始善终。当面临很多难题时，宜从最容易解决的问题入手，逐个解决，以便信心十足地完成自己的任务。

（7）性格急躁的人不要做力不从心的事，并避免超乎常态的行为，以免紧张、焦躁，心理压力过大。

（8）对别人要宽宏大量，不强求别人一定要按你的想法去办事，能原谅别人的过错，给别人改过的机会。

（9）保持人际关系的和谐。

（10）自己多动手，破除依赖心理，不要老是停留在观望阶段。

（11）制订一份既能使你愉快，又切实可行的休养身心的计划，给自己以盼头。

第十一章
取得工作和生活的平衡

♡ 工作只是生活的一部分

工作是船，生活是岸。如果为了工作而把生活搞得乱七八糟，那工作也就失去了意义。应把工作看做生活的一部分，而不应该因工作而忘了享受生活。

在快节奏的都市生活中，不论是已有孩子的父母，还是那些拼命工作以谋求发迹的单身者，都会被这种单调、沉闷、乏味而又忙碌的生活模式搞得郁郁寡欢。

如果你也跟大多数人一样生活，那么今天你最渴望的事情，也许就是在经济收入不受影响的情况下，能为自己找到更多的时间。你希望能享受一点人生的快乐。也许你已经开始考虑如何减少一些工作时间，也许你渴望的只是一种简单而稳定的生活，希望能有更多的时间可以悠然自得地和家人或朋友待在一起，当然最好再给自己留出一点空暇。如果这种生活真的是你所期盼的，一点也不奇怪。今天，有千百万人正以一种全新的视野，去思辨和确认在他们的生活中什么是最重要的。而无论他们的答案如何千差万别，拥有更多属于自己的时间，无疑是众人共同的心愿。

商业圈内有位成功人士，颇受景仰。每隔一段时同，总有人以尊敬的口吻询问他的近况。大家不断听到他忙着做生意、忙着买进口车以及出国度假的喜讯。最近又有人问，他又在忙些什么呢？唉，住院了，正忙着看病呢。

现在，健康的红灯已经亮起，亚健康人群不断扩大，忧郁症的阴影在城市悄悄游动，自杀率也在逐年增高，不断有意志和体格不够坚强的同志倒下。处于高度工作压力下的人都会有忘记吃饭或延迟吃饭的经历，这对于缓解压力是非常有害的。因为饥饿感会引起供血方面的问题，导致肠胃痛、精神紧张。因此，不要因为忙工作而废寝忘食。

再忙，也不能成为拒绝思想的借口。忙是否是人生唯一的目标？忙的意义到底是什么？如果这两个问题想通了，忙和不忙的人都不会显得太痛苦。很多事业心很强的人对事业很投入，以致事业成为生活的全部。当事业结束时，一切也就全部结束了。

♡ 玩命的工作态度不明智

我们应该高效率地工作，但不应该成为工作上的拼命三郎。"拼命三郎"再发展，就成了工作狂人，经常超负荷工作，满载运转，不知休息、疯狂而疲惫地工作。

工作狂事无巨细，都亲自动手，该授权的不授权，该委托别人代理的也不肯委托人去办。

工作狂如果是一般干部或职工，大事小事都爱打听、爱插嘴、爱插手；该管的拼命管，不该管的也要把揽着管；干得好的他干，干不好、管不了的，他也要干、要管，直到把事情搅得一塌糊涂，不可收拾为止。

工作狂貌似老黄牛，不计条件，不计报酬。他上班最早，回家最晚。以单位为家，终日忙忙碌碌，实则都是无效劳动。

工作狂办事效率极低，但终日手忙脚乱，屁股不沾椅子。

工作狂忙得连节假日都没有，他从来不知道休息。有了病，连上医院的空都没有，甚至医生开了病假条，他还要带病工作。

很明显，工作狂的工作是超负荷的。如果你知道自己正被超负荷的工作煎熬着，你需要立刻做出决定，试图减少你的工作量。这对于你来说，可能需要一定的勇气。但如果你长期处于超负荷工作中，它可能成为导致疲劳、压力和低劣业绩的原因。

做事全力以赴，让自己在努力工作时浑身充满激情和干劲。与此同时，我们也应该适时放松自我，让疲惫的身心获得休整的机会。人生是一场长跑，但我们没必要被它搞得疲惫不堪。你应该将疲于奔命式的马拉松变成百米冲刺。

因此，我们不能做工作上的拼命三郎。工作之余，我们不能忽略自己的朋友和家人。

如果你过去从来没有时间去陪家人和朋友，那么你不妨从现在起，安排一段与家人和朋友共享的时间，用来陪伴你的丈夫或妻子，或者用来与要好的朋友聚会。

每个星期都应该给孩子留出一两个小时和父母亲单独相处的时

间。每个月孩子都分别有和父母亲单独相处的"特定时间"，慢慢地他们就会期盼这个"特定时间"的来临。父母亲则可以利用这一段时间来了解孩子的特质，强化家庭成员之间的亲情联系。

我们的生活不应该被工作全部占据，我们还要留出一定的时间来经营我们的家庭和人际关系。

♡ 把工作与兴趣结合起来

我们无法保证，每天都是在干自己喜欢的工作，就算你有跳槽的本领，也不可能找到完全符合你兴趣的工作，而且，每一篇"求职者须知"都告诉你要适应工作，而不是让工作来适应你。因此，我们在面对自己不喜欢的工作时，也要保持一定的热情，让自己将工作与兴趣结合起来。

许多人认为，所谓工作，就是一个人为了赚取薪水而不得不做的事情。另一部分人对工作则抱着大不相同的见解，他们认为：工作是施展自己才能的载体，是锻炼自己的武器，是实现自我价值的工具。日本M电机公司的科长山田曾表示：之所以有的员工认为工作是为了赚取薪水而不得不做的事情，是由于他们都缺乏对工作的兴趣。同时，他以一种非常遗憾的口吻回忆了他自己年轻时候的教训。

山田先生从大学毕业进入M电机公司时，被派往财务科就职，做一些单调的记账工作。由于这份工作连中学或高中的毕业生都能胜任，山田先生觉得自己一个大学毕业生来做这种枯燥乏味的工作，实在是大材小用，于是他无法在工作上全力投入，加上山田先生大学时代成绩非常优异，因此，他更加轻视这份工作。因为他的疏忽，工作时常发生错误，遭到上司责骂。

山田先生认为，假如自己当时能够不看轻这份工作，好好地学习自己并不专长的财务工作，便能从财务方面了解整个公司，这样一来，财务工作就会变得很有趣。然而他由于轻蔑这份工作，致使学习的良机从手中流失，直到后来，财务仍是山田薄弱的环节。

由于山田对财务工作没有全力以赴，以至于被认为不适合做财务工作而被降至营业部门。但身为推销员，又必须斡旋于激烈的销售竞争中，于是他又陷入窘境，这对山田而言，又是一种不满。他进入这家公司并不想做一个推销员，他认为如果让他做企划方面的工作，一定能够充分发挥他的才能，但公司却让他做一个推销员而任人驱使，实在令人抬不起头。所以，他又非常轻视推销的工作，尽可能设法偷懒。因此，他只能达到一个营业部职员的最低业绩标准。

现在回想起来，如果当时能够不轻视推销工作而全力以赴，山田就能够磨炼自己在人际关系上的应对进退能力，并能培养准确掌握对手心态的方法，而加以适当的经商辨别。然而，山田当时却一味敷衍了事，以至于后来仍对自己人际关系的能力没有自信，这对目前的山田而言，也是非常薄弱的一环。

山田先生因此而丧失了推销员的资格，并被调至调查科。与过去的工作比较起来，似乎调查工作最适合山田先生。山田先生终于遇到一份有意义的工作，而热爱并投身于此，因此才逐渐提升其工作绩效。

但由于过去5年左右的时间，山田非常马虎的工作态度，使他的考核成绩非常不理想，当同期的伙伴都已晋升为科长时，只有他陷入被遗漏下来的窘境。

这对山田先生是一个非常大的教训。过去公司所有指派的工作，对于山田先生而言，都各具意义。然而，由于山田只看到工作的缺点，因而无法了解这些工作乃是磨炼自己弱点的最佳机会，也就无法从工作中学习到经验而遗憾至今。

大多数的人未必一开始就能获得非常有意义的工作，或非常适合自己的工作。倒是有相当一部分的人，刚开始都被派去做一些非常单调呆板和自认为毫无意义的工作，于是认为自己的工作枯燥无味或说公司一点都不能发现自己的才能，因而马虎行事，以至于无法从该工作中学到任何东西。

对待任何工作，正确的工作态度应是：耐心去做这些单调的工作，以培养出克己的心智。如果最初无法培养这种克己的心智，渐渐地便难以忍受呆板单调的工作，而一个接一个地调换工作场所，并慢慢地被调到条件差的工作岗位，而逐渐成为无用的人。

所以即便是单调且无趣的工作，也应该学习各种富有创意的方法，使该工作变得更为有趣且富有意义。

就上班族而言，最重要的是在年轻时代去体验各种工作，特别是去经历自己不专长的工作，从而开拓自己不擅长的能力。这是因为，无论是在财务方面所知有限，不善于处理人际关系，还是缺乏经营观念或是技术不精等缺点，对一个上班族而言，都将造成难以大展宏图的困境。

♡ 简单的生活轻松地过

史蒂芬是好莱坞的一位著名导演，他曾说过："我到过许多地方，发现世上许多人的生活比我们简单得多，却能体现他们自身的价值，更平静、更悠闲。自然的生活原本是简单的生活……如果你生活的酒杯里盛满了躁动的成分。那么，你就不能再为任何事情、任何人留有余地，你便不会欣赏到生活中许多微妙而美好的部分。"

作家刘心武曾说："在五光十色的现代世界中，应该记住这样古老的真理——活得简单才能活得自由。"

简单是一种美，是一种朴实且散发着灵魂香味的美。简单不是粗陋，不是做作，而是一种真正的大彻大悟之后的升华。

住在田边的蚂蚱对住在路边的蚂蚱说："你这里太危险，搬来跟我住吧！"路边的蚂蚱说："我已经习惯了，懒得搬了。"几天后，田边的蚂蚱去探望路边的蚂蚱，却发现它已被车子轧死了。

——原来掌握命运的方法很简单，远离懒惰就可以了。

一只小鸡破壳而出的时候，刚好有只乌龟经过，从此以后，小鸡就打算背着蛋壳过一生。它受了很多苦，直到有一天，他遇到了一只大公鸡。

——原来摆脱沉重的负荷很简单，寻求名师指点就可以了。

一个孩子对母亲说："妈妈，你今天好漂亮。"母亲问："为什么？"孩子说："因为妈妈今天一天都没有生气。"

——原来要拥有漂亮很简单，只要不生气就可以了。

一位农夫，叫他的孩子每天在田地里辛勤工作，朋友对他说："你不需要让孩子如此辛苦，农作物一样会长得很好的。"农夫回答说："我不是在培养农作物，我是在培养我的孩子。"

——原来培养孩子很简单，让他吃点苦头就可以了。

有一家商店经常灯火通明，有人问："你们店里到底是用什么牌子的灯管？那么耐用。"店家回答说："我们的灯管也常常坏，只是我们坏了就换而已。"

——原来保持明亮的方法很简单，只要常常换掉坏的灯管就可以了。

有一支淘金队伍在沙漠中行走，大家都步伐沉重，痛苦不堪，只有一人快乐地走着，别人问："你为何如此惬意？"他笑着说："因为我带的东西最少。"

——原来快乐很简单，只要放弃多余的包袱就可以了。

美国哲学家梭罗有一句名言感人至深："简单点儿，再简单点儿！奢侈与舒适的生活，实际上妨碍了人类的进步。"他发现，当他将生活上的需要简化到最低限度时，生活反而更加充实。因为他已经无须为了满足那些不必要的欲望而使心神分散。

用过电脑的朋友都知道，在系统中安装的应用软件越多，电脑运行的速度就越慢，并且在电脑运行的过程中，还会有大量的垃圾文件、错误信息不断产生，若不及时清理掉，不仅会影响电脑的运行速度，还会造成死机甚至整个系统的瘫痪。所以必须定期地删除多余的软件，清理掉那些无用的垃圾文件，这样才能保证电脑的正常运转。

我们的生活和电脑系统的情况十分类似，现代人的生活过得太复杂了，到处都弥漫着金钱、功名、利欲的角逐，到处都充斥着新奇和时髦的事物。被这样复杂的生活所牵扯，我们能不疲惫吗？如果你想过一种幸福快乐的生活，就不能背负太多不必要的包袱，要学会删繁就简。托尔斯泰笔下的安娜·卡列尼娜以一袭简洁的黑长裙在华贵的晚宴上亮相，惊艳无比，令周遭的妖娆"粉黛"颜色尽失。所以去除烦躁与复杂，恢复生活的本真——简单，才能让我们的人生释放最美丽的光彩。

简单地做人，简单地生活，想想也没什么不好。人生可以是金钱、功名、出人头地、飞黄腾达，但能在灯红酒绿、推杯换盏、斤斤计较、欲望和诱惑之外，不依附权势，不贪求金钱，心静如水，无怨无争，拥有一份简单的生活，不也是一种很惬意的人生吗？毕竟，你用不着挖空心思去追逐名利，用不着留意别人看你的眼神。没有锁链的心灵，快乐而自由，想哭就哭、想笑就笑，虽不能活得出人头地、风风光光，但这又有什么关系呢？

♡ 把握节奏，张弛有度

有一位猎人看到一件有趣的事情。有一天，他偶然发现村里一位十分严肃的老人与一只小鸡在玩说话游戏。猎人好生奇怪，为什么一个生活严谨、不苟言笑的人会在没人时像一个小孩那样快乐呢？

他带着疑问去问老人，老人说："你为什么不把弓带在身边，并且时刻把弦扣上？"猎人说："天天把弦扣上，那么弦就失去弹性了。"老人便说："我和小鸡游戏，理由也是一样。"

生活就是这样，每天总有干不完的事。但是，如果天天为工作疲于奔命，最终这些让我们焦头烂额的事情，迟早超过我们所能承受的极限。

工业3.0社会，生活节奏不断加快，"时间"似乎对每个人都不再留情面。于是，超负荷的工作给人造成不可避免的疾患。

因为人们的生活起居没了规律，所以患职业病、情绪不稳、心理失衡甚至猝死等一系列情况时有发生，给人们生活、工作及心理上造成无形的压力。

这时，需要换一种心情，轻松一下，学会放下工作，试着做一些其他的运动，以偷得片刻休闲，消去心中烦闷。有一位网球运动员，每次比赛前别人都会好好睡一觉，然后去练球，他却一个人去打篮球。有人问他，为什么你不练网球？他说，打篮球我没有丝毫压力，觉得十分愉快。对于他来说，换一种心态，换一种运动方式，就是最好的休闲。

你每天行色匆匆，为了生存、为了生活而奔波劳碌，你说根本没有时间。随着生活节奏的加快，争时间、抢速度已成为市场经济这个大环境中的普遍现象。

小义在一家知名外企工作，现在他怀疑自己得了健忘症。和客户约好了见面时间，可搁下电话就搞不清是10点还是10点半；说好一上班就给客户发传真，可一进办公室忙别的事就忘了，直到对方打电话来催……小义感觉自从半年前进入公司后，陀螺一样天旋地转地忙碌，让他越来越难以招架，快撑不住了。"那种繁忙和压力是原先无法想象的，每人都有各自的工作，没有谁可以帮你。我现在已经没什么下班、上班的概念了，常常加班到晚上10点，把自己搞得很累。有时想休假，可假期结束后还有那么多的活，而且因为休假，手头的工作会更多。"他无奈地向朋友诉苦。

在实际工作当中，类似于小义这种情况时常发生，尤其是在外企拿高薪的工作人员。

据有关统计，在美国有一半成年人的死因与压力有关；企业每年因压力遭受的损失达1500亿美元——员工缺勤及工作心不在焉而导致效率低下。

在挪威，每年用于职业病治疗的费用达国民生产总值的10%。

在英国，每年由于压力造成1.8亿个劳动日的损失，企业中6%的缺勤是由与压力相关的不适引起的。

我们都有时间，并且可以试着改变自己。当你下班赶着回家做家务时，你不妨提前一站下车，花半小时，慢慢步行，到公园里走走。或者什么都不做，什么也不想，就是看看身边的景色，放松一下自己的心情，肯定会有意想不到的效果。

去海滨、名山休假不是每个人都能办到的，但学会忙里偷闲，作片刻休息，则人人都能做到。

♡ 卓越的表现是从零开始

无论是在生活还是在工作中，我们常常会遭遇瓶颈，并为之苦恼，但是很少有人愿意舍弃自己从事的职业，转投其他事业。因为我们对于环境的转变总有一丝恐惧，害怕重新开始，可是如果我们不能将自己的思维"掏空"，不能给自己"换脑"，我们就不可能有突破，甚至会因为苦恼而对工作产生厌倦。长此以往，就会对自己失去信心。

阜康钱庄的于老板过世之前，将自己的钱庄托付给了胡雪岩。为于老板守孝三个月后，胡雪岩正式接手了钱庄的生意。此时，他早已有了做别的买卖的打算，只是一时间不知道该如何下手。

19世纪50年代，大清王朝的生意一共有八种：粮、油、丝、茶、盐、铁、当铺和钱庄。杭州是一个大城市，开当铺的可能性不大，因为这样的生意多是针对穷苦人的，而杭州的百姓虽然不是个个是富翁，但是还不至于影响到生活。盐、铁两大行业，官府一直把得很严，不给私人发展的机会。相较之下，只有粮和丝的生意比较适合。

最初，胡雪岩看准了粮的买卖。当时，正是太平天国运动闹得最厉害的时期，清军与太平军两军对垒，谁的粮饷多，谁取胜的机会就大。所以，双方都在想办法收购粮食。胡雪岩正是从中看出了商机，才决定插手粮食买卖的。初期的投资，进行得还比较顺利，可是后来朝廷改变了"南粮北运"的策略，由官府直接在战场附近购入粮食，这就影响了胡雪岩的购粮大计。

王有龄得知了这个消息，赶紧前来安慰胡雪岩，让他放宽心。可是，当他到了胡家的时候，发现胡雪岩正在谋划转投生丝的生意，就赶紧说："不用沮丧，虽然利润有所减少，但并不是一点都赚不到的，相比从前，这已经是很好了。"胡雪岩听了，反而笑道："我没有因为利润的减少而沮丧，而是准备放弃粮的生意了。当一个领域的买卖遭到瓶颈的时候，不能死守着不放，而是应该大胆地放弃从前，重新开始。我现在只想把精力都放在生丝的投资上。"

王有龄听后，很是佩服。

没错，在一个领域里遭遇瓶颈，没有办法更进一步发展的时候，就应该大胆地告别从前，重新开始。尽管舍弃从前熟悉的领域是艰难的，可是如果死守着一个没有发展的领域，只会浪费更多的时光。

哈佛大学校长到北京大学访问的时候，讲了一段自己的亲身经历。

有一年，校长向学校请了三个月的假。然后告诉自己的家人，不要问他去什么地方，他每个星期都会给家里打电话报平安。

校长只身一人，去了美国南部的农村，尝试着过另一种全新的生活。他到农场去打工，去饭店刷盘子。在田里做工时，背着老板躲在角落里抽烟，或和工友偷懒聊天，这都让他有一种前所未有的愉悦。

最有趣的是最后他在一家餐厅找到了一份刷盘子的工作，干了四个小时后，老板把他叫来，跟他结账。老板对他说："可怜的老头，你刷盘子太慢了，你被解雇了。"

"可怜的老头"重新回到哈佛，回到自己熟悉的工作环境后，觉得以往再熟悉不过的东西都变得新鲜有趣起来，工作成为一种全新的享受。

这个"可怜的老头"厌倦了在哈佛日复一日的校务工作和程式化的交际，为了改变这一现状，他抛开哈佛校长的光环，从零开始生活。从而抛弃了以往心中所积攒的不少"垃圾"，让自己的内心真正归零。

从某种意义上说，当一个人的发展遭遇某种瓶颈时，可以"归零"的方式放弃从前。关上身后的那扇门，你会发现另一片美丽的花园，找到另一番工作的激情和生活的乐趣。

年轻人要知道，人在职场，职业倦怠、激情丧失，似乎是永远也绕不开的话题。每过一段时间、每到一个阶段，当感到一种难以摆脱的压抑和烦躁后，可以向那位哈佛校长学习，适当地将现状归零，换种方式前进，或许是个不错的选择。

情绪排毒　哈佛医学专家的8条建议

　　长时间精力充沛地工作和生活并非易事。相反，许多人都有过在一段时间内情绪低落、容易疲劳、不愿运动、失眠、头痛、注意力不集中的经历，有的甚至长期或经常出现这种情况。美国哈佛大学著名的医学和健康专家对这种现代人的通病进行了研究，提出了一系列简便可行的办法，建议如下：

　　1.定时"充电"

　　即在正常的一日三餐之外每隔2到3小时即少量进餐，目的是使血糖维持在能保证满足身体能量需求的水平。从生理上讲，血糖代谢是人体能量的主要来源，健康成年人每天需1500卡路里的能量，工作量大者则需要2000卡路里的热量。因此不断补充血糖是保持精力充沛的前提，过度节食者难免精疲力尽，所选择食物应该富含碳水化合物，同时有适量的纤维素（避免血糖波动）和少量的脂肪（减缓饥饿感）。国外盛行迷你食品即适应了这种需要，一杯脱脂奶和麦片，几片面包或几块甜点心足矣。避免使用肉类，脂肪太多也会使人昏昏欲睡。

　　2.香味提神

　　实验表明吸入含有薄荷和百花香味的气体能使计算机操作人员明显减少操作失误。具体选择哪种香味并无特殊限制。只要是你喜欢、能带来愉悦感觉的气味都有助于提高大脑的觉醒程度。

　　3.沐浴阳光

　　俗话说"万物生长靠太阳"，人也不例外。阳光照射可以改变大脑中某些信号物质的含量，其中令人入睡的信号物质将减少，而令人清醒的信号物质将增加，使享受日光浴者心旷神怡。在上午光照半小时效果明显。

4.深呼吸

深呼吸不仅可以摄取更多的氧气，同时能刺激副交感神经系统，有助于放松。深呼吸时可以躺下或端坐，一只手放于体侧，另一只手放于腹部，用鼻子吸气，同时排除杂念，想象胸部充分扩展、肺内正充满氧气，然后感觉二氧化碳从体内排出，同时颈肩放松。每次不少于3到5分钟。

5.健身锻炼

定期锻炼的最大受益者是心脏。所以有"完美的体形意味着完美的心脏"之说。另外积极的锻炼能够提高机体产能的效率。当快节奏、高强度的工作需要你付出更大能量时，健康的身体能够游刃有余地释放潜能。

6.不要依赖咖啡和酒精

饮用含咖啡因或酒精的饮料或许能带来一时的兴奋，但不能使你清醒地思考问题、做出适当的反应，而且短暂的兴奋之后是持续的混沌状态，反而得不偿失。

7.郊游

在假期和周末远离喧嚣的都市。现在城市空气污染严重，对人体危害不浅，每隔一段时间到林木茂盛的风景区踏青，可以令人体吐故纳新、调和呼吸、阴阳协调。在绿色植物密集的公园、森林，空气里的负离子浓度较高。负离子有大气中的"长寿素"的美称。在负离子充沛的地方，人们感到心旷神怡、精神振奋。空气中的负离子不仅能调节神经系统，而且可以促进胃肠消化、加深肺部的呼吸。

8.补充维生素和矿物质

维生素和矿物质不具有立竿见影的提神醒脑功效，却是机体正常新陈代谢不可或缺的营养物质，其中B族维生素、镁、铁尤其重要。医学调查发现相当部分的妇女缺乏某些种类的维生素和矿物质。可每日服用复合维生素药物，但注意不能超过人体实际需要的量。

9.了解自己的生理周期

每个人的精力充沛程度在一天中不断变化，有高峰，也有低谷。大多数人在午后达到精力的高峰，可连续记录自己一天的心理状态、觉醒程度、反应速度和进行的活动，找出自己的精力变化曲线，然后合理安排每日的活动。